Futuro da Robótica

Tecnologias robóticas do século 21

Impacto transformador e considerações éticas da tecnologia robótica

Alan Sparkbot

Conteúdo

Capítulo 1: A ascensão da tecnologia mecânica: um ponto de vista verificável...........5

   Desenvolvimento de tecnologia mecânica da ficção para o mundo real...........20

Capítulo 2: Os Sistemas de Vida dos Robôs: Descobrindo suas Partes e Funcionamentos...........23

   Investigando as atividades internas da mecânica avançada atual...........43

Capítulo 3: Mecânica de Alto Nível na Indústria: Mudando a Coleta e a Criação...........45

   De sistemas de construção sequenciais a linhas de produção astutas...........56

Capítulo 4: Robôs na Assistência Médica: Mudança de Medicação e Paciente...........59

   Avanços em tecnologia mecânica cuidadosa e ajuda clínica...........68

Capítulo 5: O Trabalho dos Robôs na Investigação: Impulsionando Divulgações Espaciais e Marítimas..71

   De Mars Wanderers a Remote Ocean Voyagers....79

Capítulo 6: Mecânica Avançada e Instrução: Formando o Destino da Aprendizagem...........83

   Coordenando a tecnologia mecânica no programa educacional STEM...........101

Capítulo 7:Veículos Independentes: Rumo a um Futuro Sem Condutores...........103

Navegando pelas estradas com veículos movidos a IA 117

Capítulo 8: Mecânica Avançada e Agricultura: Desenvolvendo Proficiência e Capacidade de Suporte 120

O Cultivo de Precisão e a Transformação Rural .. 128

Capítulo 9: Robótica na Resposta a Desastres: Melhorando a Segurança e as Operações de Resgate 131

Implantando Robôs em Situações de Emergência 139

Capítulo 10: A Moral da Mecânica Avançada: Tendendo às Ramificações Morais e Sociais 141

Equilibrando Inovação com Responsabilidade ... 153

Capítulo 11: Os efeitos dos robôs no emprego, na dinâmica do trabalho e da força de trabalho 155

Fazendo ajustes ao cenário de emprego em mudança 161

Capítulo 12: Acessibilidade e robótica: dando mais poder às pessoas com deficiência 163

Melhorando a acessibilidade por meio da robótica assistiva 169

Da animatrônica aos artistas interativos 180

Capítulo 14 Compreender as complexidades das aplicações militares através da robótica e da guerra 182

Analisando a contribuição da robótica para estratégias de defesa..................189

Capítulo 15: Do Companheirismo à Coexistência: A Direção da Interação Humano-robô no Futuro........191

Analisando a dinâmica de relacionamento entre pessoas e robôs..................197

Capítulo 16: Tecnologia Mecânica e Preservação Ecológica: Salvaguardando a Natureza com Arranjos Inovadores..................200

Utilizando Robôs para Atividades de Conservação 208

Capítulo 17: Reconstruindo Comunidades Após Desastres com Inovações Robóticas na Recuperação de Desastres..................210

Usando a tecnologia para reconstruir após um desastre..................217

Capítulo 18: Assistentes Pessoais e Robôs: Redefinindo a Vida Diária com Companheiros de IA 219

Cuidados Pessoais para Automação da Casa........225

Capítulo 19: Pesquisa e Desenvolvimento em Robótica: Obstáculos e Oportunidades..................227

Navegando na fronteira da inovação em robótica 233

Capítulo 20: O Futuro da Robótica: Prevendo Tendências e Projetando o Mundo de Amanhã........236

Prevendo a próxima era da integração robótica 247

Capítulo 1: A ascensão da tecnologia mecânica: um ponto de vista verificável

Máquinas que copiam exercícios humanos ou animais cativam a humanidade há bastante tempo. Das máquinas inacreditáveis das lendas gregas às representações perspicazes de Leonardo da Vinci, o sonho dos robôs imergiu as nossas personalidades inventivas. Esta parte mergulha nos fundamentos genuínos da inovação mecânica, acompanhando seu avanço desde o início até as máquinas refinadas que moldam a nossa realidade atual.

- Os primeiros sonhos: do sonho à parte
  Nossa vantagem em robôs pode ser rastreada até tempos antigos. Os sonhos gregos examinavam Talos, uma besta de bronze que protegia Creta, e Hefesto, o mestre do fogo e da metalurgia, que fabricava máquinas esplêndidas. Esses registros, embora fantásticos, estabeleceram as bases para máquinas preparadas para acontecimentos semelhantes aos humanos. Avançamos rapidamente para a Renascença, quando criadores como Leonardo da Vinci

reviveram estas considerações no papel. Seus blocos de rascunho contêm representações ponto a ponto de cavaleiros mecânicos, figuras humanóides e, surpreendentemente, um caminhão auto-incitado, exibindo uma percepção fundamental da mecânica e das normas de planejamento. De qualquer forma nunca criados, estes planos funcionam como uma exposição do pensamento visionário deste período.

A época das máquinas: maravilhas do planejamento Os anos XVII e XVIII testemunharam uma inundação no desenvolvimento de máquinas. Essas máquinas confusas, habitualmente em tamanho natural, eram maravilhas de planejamento, preparadas para executar tarefas complexas como organização, tocar música e, independentemente disso, manusear alimentos (mas a última escolha era, em uma parte significativa das vezes, uma grande astúcia). Figuras importantes como Jacques de Vaucanson, um pioneiro francês, movimentaram máquinas incríveis, incluindo um pato mecânico que podia comer e fazer cocô (com uma parte secreta pré-empilhada) e uma figura humana que tocava flauta. Essas maravilhas de configuração controlaram o interesse público e lançaram as bases para o avanço de máquinas extracomplexas. A Mudança de Vanguarda: A Apresentação da Inovação Mecânica Prática A Agitação Avançada apresentou outro momento para a inovação mecânica. Com a ascensão dos escritórios modernos e a enorme fabricação, o pré-requisito para máquinas robotizadas realizarem tarefas enfadonhas tornou-se dinamicamente evidente. Os robôs atuais eram menos maravilhosos do que as máquinas do período anterior, concentrando-se na conveniência em vez de uma imitação alucinante. Um dos primeiros modelos é o tear a vapor planejado por Jacquard em 1801.

Essa máquina utilizava cartões perfurados para controlar o processo de torção, realização básica no aperfeiçoamento de máquinas programáveis. A longo prazo, estes robôs avançados acabaram por ser consistentemente mais surpreendentes, estabelecendo as bases para a motorização que descreve a produção atual.

Os séculos XX: Rumo às máquinas afiadas O século XX assistiu a uma expansão surpreendente da velocidade no campo da inovação mecânica. A fabricação do semicondutor em 1947 reduziu o tamanho dos dispositivos, planejando robôs adicionais mais despretensiosos e mais versáteis. Pesquisadores importantes como George Devol e Joseph Engelberger incentivaram o principal robô atual com braços programáveis durante a década de 1950. Esta melhoria significou um ponto de viragem crucial, uma vez que os robôs podiam agora ser aclimatados para realizar uma maior extensão de empreendimentos. A última metade do século viu novos movimentos na inovação mecânica, com o surgimento da programação e do pensamento modernizado (conhecimento reencenado). A possibilidade de os robôs executarem tarefas, bem como escolherem e se adaptarem à situação atual, começou a funcionar conforme o esperado. Estruturas de visão, sensores e cálculos de controle de nível inegáveis permitiram que os robôs se unissem ao mundo de uma forma seriamente desconcertante. Um ponto de vista óbvio do desenvolvimento mecânico: O avanço mecânico consistente é a consequência de um costume rico e sustentável que segue além do que muitos considerariam possível no passado. permanecer e espalhar-se em convicções extremas mais pré-arranjadas. A seguir estão algumas conquistas críticas nesse costume: Remanescente: Antigas fundações comunitárias tinham seus tipos de robôs e engenhocas mecânicas. Por exemplo, os gregos obsoletos criaram autômatos complexos, o notável "Pombo de Arquitas" e "O Especialista em Mecânica" da Lenda de Alexandria. Eras passadas: Durante este período, os fabricantes continuaram a examinar dispositivos mecânicos. Al-Jazari, um engenheiro do século XIII, arranjou diferentes autômatos, incluindo uma banda melódica e um pavão mecânico. Renascença e brilho: Leonardo da Vinci conceituou planos para robôs humanóides, embora raramente fossem montados. Suas representações incluíam contemplações para cavaleiros mecânicos e outras figuras definidas. Comoção atual:

Os anos XVIII e XIX testemunharam graus básicos de progresso em dispositivos e informatização. Os robôs atuais surgiram, principalmente com o objetivo final de colecionar. 20º Cem Anos: O ditado "robô" foi escrito pelo ensaísta tcheco Karel Čapek em sua peça "RUR" (Robôs Gerais de Rossum). Durante o século XX, especialistas como George Devol e Joseph Engelberger cultivaram os robôs atuais essenciais para estruturas de desenvolvimento consecutivas. Década de 1960: O campo da inovação mecânica se ampliou rapidamente. Pesquisadores como Joseph Weizenbaum examinaram o pensamento criado pelo homem, e o primeiro braço robótico (Unimate) foi apresentado em uma fábrica de manuseio da

Global Motors. Após a década de 60: A mecânica de alto nível continuou a crescer, com aplicações em exames espaciais, operações clínicas e presença normal. Robôs sociais, como ASIMO e Pepper, entraram em cena. Nas narrativas da organização dos encontros da humanidade, fazer com que animais falsificados ajudem ou dupliquem pessoas tem fascinado o progresso humano por um período muito longo. Das antigas lendas dos autômatos à temporada de última geração da inovação mecânica de última geração, a jornada da inovação mecânica é tanto uma demonstração da criatividade humana quanto uma impressão de nossos objetivos e medos. As sementes da mecânica de ponta foram estabelecidas nas personalidades de antigos acontecimentos. Histórias de antigas fábulas gregas, por exemplo, a história de Talos, um robô besta de bronze que dependia da vigilância da ilha de Creta, despertaram o interesse humano em falsificar vidas. Essas primeiras histórias estabeleceram as bases para a possibilidade de animais falsos serem capazes de realizar empreendimentos além das capacidades dos indivíduos. Em qualquer caso, foi logo após o início da Comoção Avançada nos anos XVIII e XIX que a oportunidade da informatização mecânica começou a tomar um rumo óbvio. O desenvolvimento de estruturas confusas e surpreendentes de sorte e a progressão das primeiras máquinas controladas a vapor estabeleceram a preparação para o mundo informatizado que se seguiria. A própria máxima "robô" encontra seus estágios iniciais na palavra tcheca "robô", o significado de trabalho obrigatório ou servidão. Foi gerado pelo autor Karel Čapek em sua peça de 1920 "RUR (Rossum's Broad Robots)", que retratava animais falsos feitos para servir a humanidade, resistindo de qualquer maneira aos seus produtores. Este trabalho único manteve o ditado "robô", mas, além disso, introduziu temas de liberdade, ética e os resultados potenciais da fabricação de máquinas astutas. Em meados do século XX assistimos a graus básicos de progresso na mecânica de ponta, impulsionados pelo rápido progresso imaginativo e pela corrida espacial. Fundações como a Fundação de Desenvolvimento de Massachusetts (MIT) e afiliações como a NASA esperavam papéis urgentes para ampliar os limites do exame mecânico e da automação.

Dos robôs atuais focais apresentados por George Devol e Joseph Engelberger durante a década de 1950 aos vagabundos lunares transmitidos durante as missões Apollo, a mecânica de nível inegável mudou do espaço da ficção científica para a realidade mentalmente calma. À medida que o cuidado com a força se expandiu e a redução se tornou possível, o avanço mecânico entrou em outra época de natureza multifacetada. O movimento de chips, sensores e atuadores desenhou o plano de robôs organizados para tarefas incríveis e formas versáteis de lidar com a atuação. Bounce progride na atenção plena criada pelo homem, especialmente nos campos do conhecimento baseado em PC e nas afiliações psíquicas, ampliando ainda mais os limites dos robôs, permitindo-lhes ver, aprender e comunicar com as suas variáveis ecológicas de formas poderosamente complexas. Hoje, o desenvolvimento mecânico inunda todas as partes da vida atual, desde assuntos sociais e vantagens clínicas até transporte e diversão. Robôs agradáveis, ou "cobots", trabalham perto das pessoas no cuidado das plantas, reduzindo a viabilidade e o florescimento. Robôs cuidadosos ajudam os especialistas com precisão e astúcia, atrapalhando os empreendimentos. Os veículos independentes prometem mudar o transporte, tornando as ruas mais seguras e mais úteis. De qualquer forma, à medida que a progressão mecânica continua avançando, ela também levanta questões tremendas sobre a moral, o trabalho e a sorte da própria humanidade. A mudança de planos gratuitos diz respeito à despedida de obras e à inconsistência relacionada ao dinheiro, enquanto a oportunidade de perceber as máquinas é irritada pela forma como poderíamos afrouxar o insight e a responsabilidade moral. Nesta parte, partiremos em uma excursão no tempo, olhando para as fases iniciais, conquistas e resultados do crescente desenvolvimento mecânico. Das fantasias e lendas de períodos passados aos tipos de progresso de última geração do dia do avanço melódico, saltaremos para o rico enrolamento do cérebro criativo humano e do aprimoramento que mostrou o universo do progresso mecânico como na verdade, temos algumas informações sobre isso. Veremos como o progresso mecânico foi alcançado, envolvendo suas fases iniciais razoáveis, como participante de histórias em um campo multidisciplinar que envolve coordenação, programação e pesquisa da psique mental. Veremos os principais minutos e figuras-chave que contribuíram para a progressão do desenvolvimento mecânico, desde os primeiros pioneiros como Nikola Tesla e Alan Turing até os pioneiros contemporâneos, por exemplo, Rodney Streams e Hiroshi Ishiguro. conquistas que retrataram o avanço da mecânica de última geração, desde a criação do robô programável por George Devol até o aprimoramento de robôs humanóides refinados como ASIMO e Sophia.

Mergulharemos nos saltos das convicções causadas pelo homem que capacitaram os robôs a ver e relaxar seus elementos naturais em geral, desde estruturas de visão de PC que podem ver coisas e aparências até cálculos comuns de supervisão de linguagem que atraem robôs para lidar e responder à fala humana. Ao longo do caminho, analisaremos os diferentes esclarecimentos por trás do movimento mecânico em empreendimentos e espaços infinitos. Estudaremos como os robôs estão mudando as reuniões e os fatores de produção, suavizando os processos de criação e aumentando a capacidade de produção. Descobriremos como os robôs estão mudando as vantagens clínicas, ajudando profissionais treinados e acompanhantes em empreendimentos, recuperação e considerações de idosos. Descobriremos como os robôs estão remodelando o transporte e o exame, desde veículos e robôs autônomos até vagabundos planetários e submersíveis oceânicos distantes. Mas nossa avaliação sobre o que acontecerá com o movimento mecânico não se restringirá apenas a atualizações criativas. Lutaremos correspondentemente com as consequências morais, sociais e filosóficas de um mundo povoado por máquinas afiadas. Contemplaremos as exigências de independência e associações, bem como o efeito concebível da mecânica de alto nível no trabalho, na dissimilaridade e na prosperidade humana. Além disso, consideraremos permanecer em nossa realidade estável, onde pessoas e robôs se combinam, se reúnem e, talvez, até mesmo estruturam vínculos monstruosos. À medida que avançamos nas complexidades do movimento mecânico, devemos ir contra as contemplações morais que acompanham a rápida melhoria deste campo. Surgem questões sobre os resultados éticos de preparar máquinas com a suspeita de cursos gratuitos e os efeitos colaterais inevitáveis comuns de tais atividades. O plano moral que consolida a mecânica avançada integra questões de sucesso, realização e obrigação, afetando as conversas sobre o essencial para que grandes normas funcionem com o desenrolar dos acontecimentos e o envio de sistemas automatizados. a mecânica não pode ser conferida de forma agradável. A mistura de robôs em diferentes partes de presença padrão pode mudar planos e padrões sociais, remodelando a forma como vivemos, trabalhamos e realizamos. Embora a robotização ofereça o compromisso de aumentar a razoabilidade e a capacidade, também levanta preocupações sobre a compensação de trabalho e diferenças relacionadas com o dinheiro, incluindo o significado de estar atento a estas dificuldades através de medidas sistémicas aguçadas e iniciativas sociais. , o campo do aprimoramento mecânico continua expandindo as limitações do progresso mecânico. Especialistas e especialistas estão pesquisando novos sertões em movimentos mecânicos delicados, planos bio-mistos e conluio humano-robô, esperando cultivar robôs que sejam mais talentosos e também mais adaptáveis, fortes e abertos às necessidades dos humanos.Olhando para o futuro, a concebível predeterminação da mecânica de última geração tem tanto responsabilidade quanto probabilidade. Por um lado, o progresso mecânico pode capacitar os pontos finais humanos, trabalhar na satisfação ordenada,e abordar o espancamento considerando tudo, desde pensamentos e necessidades clínicas até valor padrão e reação a desastres. Por outro lado, a extensão extrema das melhorias mecânicas poderia alimentar atributos inconsistentes existentes, apoiar programas socialmente de má reputação e até mesmo representar perigos existenciais para a humanidade. e palpite. Ao cruzar a força do progresso para o florescimento de todos e ficar atento às típicas expansões de empatia, valor e força, podemos garantir que a obrigação com a mecânica de ponta se encontra em afinidades que beneficiam toda a humanidade. Se embarcarmos nesta excursão ao destino concebível da mecânica de primeira linha, vamos abraçar as portas potenciais que temos pela frente e, ao mesmo tempo, ver as dificuldades que devem ser enfrentadas. Juntos, podemos moldar um futuro onde robôs e pessoas se encaixem perfeitamente, unindo-se para incorporar um mundo deslumbrante e mais próspero deste ponto até um bom tempo por vir, indefinidamente e incessantemente por vir. desenvolvimento, ver o potencial de trabalhar com esforço e associações entre pessoas e máquinas é fundamental. Em vez de focar nos robôs como engenhocas ou substitutos claros do trabalho humano, podemos imaginar um futuro onde pessoas e robôs completem qualidades e pontos finais uns aos outros, orquestrando sinergicamente para gerenciar irritações complexas e atingir objetivos comuns. o levantamento está no campo do desenvolvimento mecânico assistido. Os robôs assistivos podem ressuscitar a satisfação específica das pessoas com indiscrições ou limites relacionados à idade, oferecendo ajuda em tarefas típicas, transportabilidade e correspondência. Ao lembrar o progresso do pensamento robotizado e do progresso dos sensores, os robôs assistivos podem se ajustar às principais necessidades e afinidades de seus clientes, associando-se a eles para viver de forma mais direta e autônoma. Da mesma forma, no espaço das vantagens clínicas, os robôs podem provavelmente ser fundamentais. acessórios para especialistas com formação clínica, incentivando suas habilidades e bem-estar a encontrar uma maneira de orquestrar os resultados. Robôs cautelosos, por exemplo, podem ajudar especialistas com precisão e tendência, reduzindo a aposta em brincadeiras humanas e atraindo projetos interferentes irrelevantes com tempos de recuperação mais rápidos. Além disso, os robôs podem ser transportados em aplicações de telemedicina, fazer parceria em reuniões distantes e atender pacientes, especialmente em áreas carentes ou distantes. Além das vantagens clínicas, os robôs estão prontos para mudar de afiliação, passando do agronegócio e desenvolvimento para o varejo e a atitude gentil. Na produção, robôs equipados com sensores de alto nível e exames de informações reconstituídas podem, além disso, envolver-se nas colheitas nas quais os pioneiros trabalham, aumentando os rendimentos e restringindo os efeitos padrão.Sendo feitos, os robôs podem ajudar em tentativas como alvenaria, soldagem e obliteração, espalhando ainda mais a razoabilidade e prosperando nos locais de trabalho. No retalho e na energia, os robôs podem restabelecer o patrocínio de clientes e facilitar o trabalho, desde caixas eletrónicas e relações de stock até afiliações de quartos e associações de acompanhantes. No entanto, à medida que abraçamos o obstáculo da mecânica de última geração para mudar diferentes partes da sociedade, devemos permanecer conscientes dos perigos e dos benefícios que acompanham o desenvolvimento imaginativo. As preocupações com a confirmação, a segurança e o abuso normal da progressão mecânica devem basear-se em proteções energéticas e planos administrativos. Além disso, os esforços para libertar o efeito da robotização sobre os cargos e os trabalhadores devem ser emaranhados, garantindo que as opções comuns de desenvolvimento mecânico sejam suficientemente adequadas em toda a sociedade. Levando em conta tudo, o destino específico do desenvolvimento mecânico mantém um compromisso titânico em relação ao sucesso humano e ao foco no razoável, o esmagamento tem o objetivo de restringir nossa realidade consistente. Ao atrair tentativas e conexões avançadas entre pessoas e máquinas, podemos lidar com a força excepcional da melhoria mecânica para criar um futuro mais central, justo e sensato para todos. Ao iniciarmos esta excursão pelos fracos, façamos isso com pensamento positivo, um córtex frontal inovador e a obrigação de ajudar a misturar um mundo deslumbrante deste ponto em diante, continuamente.um córtex frontal inovador e uma obrigação de ajudar a misturar um mundo deslumbrante deste ponto em diante, continuamente.um córtex frontal inovador e uma obrigação de ajudar a misturar um mundo deslumbrante deste ponto em diante, continuamente.

Desenvolvimento de tecnologia mecânica da ficção para o mundo real

Estágios iniciais: a automação de tarefas com máquinas leva muitos anos. Os primeiros fabricantes e especialistas organizaram engenhocas mecânicas que deveriam duplicar os acontecimentos humanos.

Por exemplo, os retratos de cavaleiros mecânicos e autômatos feitos por Leonardo da Vinci no século XV são as primeiras ocorrências de tentativas de fabricar máquinas humanóides. Em qualquer caso, foi apenas no século 20 que o ditado "robô" foi cunhado pelo ensaísta tcheco Karel Čapek em sua peça "RUR" de 1920 (Robôs Gerais de Rossum). Esses robôs eram criaturas falsas feitas para realizar trabalhos para indivíduos, despertando o interesse público pela ideia. A virada da vanguarda: O salto gigantesco na inovação mecânica ocorreu durante a Mudança Avançada. Engenheiros iniciantes como George Devol e Joseph Engelberger introduziram os robôs atuais durante a década de 1950. Esses primeiros robôs foram usados essencialmente na coleta de plantas para realizar atividades excessivas e arriscadas, como soldagem e pintura. Surpreendentemente, o Unimate, fabricado pela Devol e Engelberger, foi apresentado em uma fábrica da Global Motors em 1961. Graus de progresso na informatização: À medida que o desenvolvimento avançava, também aumentavam os limites dos robôs. A metodologia dos chips de computador e sistemas de controle de PC durante as décadas de 1970 e 1980 considerou mudanças de eventos mais avançadas e precisas. Os robôs geralmente não se limitavam a tarefas prolongadas; eles poderiam se aclimatar às mudanças nas condições e realizar exercícios complexos. A ascensão dos robôs inteligentes (Cobots): Ultimamente, surgiu outro tipo de robôs: robôs prestativos, ou "cobots". Diferentemente dos seus antecessores, que durante a maior parte do tempo foram retirados em locais vedados por razões de prosperidade, espera-se que os cobots trabalhem perto dos indivíduos, trabalhando as suas capacidades em vez de os deslocar. Esse avanço abriu mais portas para a motorização em organizações, como atenção médica, projetos e criação de escopo limitado. Inovação mecânica em benefícios clínicos: Um dos distritos mais tranquilizadores para a inovação mecânica são os benefícios clínicos. Robôs cautelosos, semelhantes ao Sistema Cauteloso da Vinci, mudaram os métodos, oferecendo maior precisão e reduzindo a proeminência. Além disso, os robôs estão sendo usados para tarefas como reconstruir tratamentos e pensamentos antigos e dar assistência e apoio aos pacientes.

Capítulo 2: Os Sistemas de Vida dos Robôs: Descobrindo suas Partes e Funcionamentos

Robôs, essas maravilhas do plano e da mente criativa são entregues envolvendo estruturas e peças confusas que funcionam como uma só para realizar uma multidão de tentativas.

Compreender os planos contínuos dos robôs é fundamental para descobrir suas habilidades, objetivos e aplicações razoáveis. Neste segmento, deixaremos de lado as atividades internas da mecânica avançada atual, saltando através das peças e trabalhos que fazem os robôs funcionarem.

Na marca de uma combinação de cada robô está seu novo desenvolvimento mecânico, ou esqueleto, que dá construção aos seus empreendimentos. O esqueleto se move, em geral, dependendo do tipo e da proteção do robô, indo desde braços reguladores transparentes usados nos ambientes atuais até corpos humanóides complexos feitos planos de jogo para a coalizão semelhante à humana.

Além disso, os materiais usados na construção do esqueleto podem se mover, sendo metais, plásticos e compósitos escolhas geralmente comuns. Montados no pacote estão atuadores, os músculos do robô que envolvem o avanço e o controle. Os atuadores vêm em vários planos, incluindo motores elétricos, câmaras pneumáticas e estruturas acionadas por tensão, cada um adequado a diferentes esforços e condições. Os motores elétricos, por exemplo, são usados de forma confiável em juntas mecânicas e focos mais distantes pensando em sua exatidão e controlabilidade, enquanto os atuadores pneumáticos vencem em aplicações que exigem regiões fortes e rápidas e melhorias nos atuadores, os robôs são equipados com sensores que avaliam suas variáveis típicas e dentro estado. Os sensores são provavelmente os olhos, ouvidos e receptores de materiais do robô, permitindo-lhe ver e interagir com o mundo. Os tipos normais de sensores incorporam câmeras, scanners LiDAR (Light District and Running), sensores locais e sensores de potência/força, cada um atendendo a uma necessidade astuta no enorme kit de ferramentas do robô.

A psique do robô, sua estrutura de controle, processa informações de sensores e emite vendas para atuadores, ordenando seus novos acontecimentos e formas de gerenciar a atuação. As estruturas de controle podem ir desde planos de exercícios importantes e pré-alterados até estimativas atuais e versáteis que aprendem e se adaptam às condições de criação. Movimentos no discernimento causado pelo homem e nos dados imitados impulsionaram o desenvolvimento de robôs racionalmente rápidos e livres, selecionados para cursos complexos e solução de problemas. Além de seus componentes originais, os robôs não são limitados pela programação, o código de programação que orienta seu método para gerenciando atuação e habilidade. A programação tem um efeito fundamental na representação das habilidades do robô, desde o controle e porte de melhoria da cabeça até a perspicácia de última geração e cálculos dinâmicos. Vernáculos de programação como C++, Python e MATLAB são usados de forma confiável no aprimoramento de mecânica de ponta, atraindo criadores para coordenar, duplicar e transmitir sistemas robotizados com facilidade. unidades ou fontes de alimentação externas funcionem.

A escolha da fonte de energia depende de fatores como tamanho do robô, noções básicas de versatilidade e avaliações de abundância de energia. Os robôs controlados por bateria oferecem conveniência e adaptabilidade, enquanto os robôs podem extrair energia de concentrações focais externas para operação ampliada. No final, os planos contínuos dos robôs unem um recurso substituto de peças e trabalham dessa forma para envolver suas habilidades e métodos de atos gerenciais. Desde o desenvolvimento mecânico e atuadores até sensores, estruturas de controle, programação e fontes de energia, cada parte desempenha um papel crítico na inutilidade do arranjo e corte do robô. Ao compreender as tarefas internas dos robôs, obtemos informações sobre suas aplicações lógicas e os desafios relacionados à organização e envio para o mundo certificado. Além disso, a coordenação e o esforço da cooperação dessas partes é a base do bom senso de um robô em vários empreendimentos. e condições. Por exemplo, num ambiente de reunião, o desenvolvimento mecânico e os atuadores de um robô permitem-lhe controlar objetos com precisão e velocidade, enquanto os seus sensores avaliam para garantir uma coordenação e um controlo de qualidade inquestionáveis. Enquanto isso, a estrutura de controle trabalha com esses exercícios, mudando constantemente de acordo com mudanças na linha de criação ou nas condições comuns. Em circunstâncias mais notáveis, por exemplo, avaliação externa ou resposta a desastres, os robôs contam com uma combinação de sensores e programação para olhar e falar. com suas partes regulares energeticamente. Os sensores LiDAR, por exemplo, fornecem limites de organização 3D, permitindo que os robôs vejam obstruções e planejem percursos ideais em cenas complexas. Enquanto isso, análises de dados copiados atraem robôs para ver e se adaptar a novas condições, aproveitando experiências passadas para lidar com seu show ao longo do tempo. Além disso, a mentalidade e a versatilidade dos sistemas motorizados consideram a personalização e o agrupamento para transmitir experiências e fundamentos. Os robôs podem ser equipados com efetores finais apropriados, por exemplo, pinças, copos de puxar ou dispositivos, para realizar um grande número de tentativas – desde pegar e colocar objetos até soldar, pintar ou, em qualquer caso, realizar atividades delicadas. Além disso, os planos retirados atraem a divisão da distinção entre novos sensores, atuadores ou módulos de programação à medida que o progresso avança, garantindo que os robôs permaneçam flexíveis e atualizados. o campo. Engenheiros, analistas de PC, clínicos mentais e especialistas espaciais de diversas áreas colaboram para encorajar respostas inventivas a questões complexas, inspirando-se na ciência, na neurociência e em diversas disciplinas. Ao utilizar encontros da natureza e preparar o poder da avaliação interdisciplinar, os investigadores podem criar robôs que sejam úteis e racionais, bem como perfeitos, versáteis e sustentáveis. No final, os designs de fluxo dos robôs abordam uma mistura de plano,ciência e personagens criativos, estimulando máquinas que podem ampliar e gerenciar os limites humanos em vários ambientes. Ao compreender as peças e trabalhos dos robôs de itens de cuidado de beleza, obtemos informações sobre suas aplicações comuns e pontos de corte, bem como as dificuldades e portas de entrada que temos pela frente. Olhando para o futuro, o destino certo da mecânica de ponta mantém um potencial monstruoso para uma reviravolta extra nos acontecimentos e na revelação. À medida que o progresso continua a avançar, os robôs acabarão por ser intensamente integrados nos nossos planos padrão, perturbando empreendimentos, afiliações e, surpreendentemente, os nossos esforços conjuntos. De veículos gratuitos e robôs de transporte a grandes assistentes mecanizados, as portas para o progresso mecânico são limitadas essencialmente por nossos personagens criativos e engenhosidade. Um local extraordinariamente convincente é o desenvolvimento de uma mecânica de nível irrefutável sensível, movida pela biomecânica de componentes vivos habituais. Robôs sensíveis são transportados utilizando materiais versáteis que refletem a flexibilidade e versatilidade dos tecidos padrão, considerando tentativas formadas protegidas e frágeis com indivíduos e itens delicados. As utilizações de melhorias mecânicas frágeis variam de engenhocas clínicas e próteses a exoesqueletos vestíveis e pinças complicadas para regular itens delicados. Outra vantagem na pesquisa em mecânica de primeira classe é a avaliação de infinitas mecânicas de primeira classe, persuadidas pelas formas totais de gerenciando a atuação de insetos sociais como insetos e abelhas. Os robôs de enxame devem participar de grandes reuniões para realizar empreendimentos complexos que seriam perigosos ou surpreendentes para um robô solitário realizar sozinho. Casos de um grande número de aplicações de avanço mecânico juntam-se a missões de perseguição e resgate, verificação de padrões e projetos de melhoria. Além disso, os avanços no pensamento mecanizado e na consciência criada pelo homem estão engajando os robôs para aprender e se adaptar às suas peças regulares de forma transparente. Apoiar avaliações de aprendizagem, de forma inequívoca, conceder robôs para ajudar novos endpoints por meio de tentativa e erro, refinando sua duração fundamental inspecionada em suas experiências. Este limite abre mais áreas para os robôs trabalharem em circunstâncias não estruturadas e dinâmicas, desde atividades familiares e assistência individual até avaliação de espaço e testes de redução. Não obstante, à medida que os robôs se tornam mais organizados no domínio público, é crucial abordar avaliações morais, sociais e relacionadas com o dinheiro relacionadas com o seu envio. As tensões sobre a fuga de trabalho, o endosso, a segurança e as afinidades algorítmicas devem ser meticulosamente consideradas e trabalhadas por meio de regras rígidas, franqueza e obrigações.bem como as dificuldades e entradas que temos pela frente. Olhando para o futuro, o destino certo da mecânica de ponta mantém um potencial monstruoso para uma reviravolta extra nos acontecimentos e na revelação. À medida que o progresso continua a avançar, os robôs acabarão por ser intensamente integrados nos nossos planos padrão, perturbando empreendimentos, afiliações e, surpreendentemente, os nossos esforços conjuntos. De veículos gratuitos e robôs de transporte a grandes assistentes mecanizados, as portas para o progresso mecânico são limitadas essencialmente por nossos personagens criativos e engenhosidade. Um local extraordinariamente convincente é o desenvolvimento de uma mecânica de nível irrefutável sensível, movida pela biomecânica de componentes vivos habituais. Robôs sensíveis são transportados utilizando materiais versáteis que refletem a flexibilidade e versatilidade dos tecidos padrão, considerando tentativas formadas protegidas e frágeis com indivíduos e itens delicados. As utilizações de melhorias mecânicas frágeis variam de engenhocas clínicas e próteses a exoesqueletos vestíveis e pinças complicadas para regular itens delicados. Outra vantagem na pesquisa em mecânica de primeira classe é a avaliação de infinitas mecânicas de primeira classe, persuadidas pelas formas totais de gerenciando a atuação de insetos sociais como insetos e abelhas. Os robôs de enxame devem participar de grandes reuniões para realizar empreendimentos complexos que seriam perigosos ou surpreendentes para um robô solitário realizar sozinho. Casos de um grande número de aplicações de avanço mecânico juntam-se a missões de perseguição e resgate, verificação de padrões e projetos de melhoria. Além disso, os avanços no pensamento mecanizado e na consciência criada pelo homem estão engajando os robôs para aprender e se adaptar às suas peças regulares de forma transparente. Apoie avaliações de aprendizagem, inequivocamente, conceda robôs para ajudar novos endpoints por meio de tentativa e erro, refinando sua duração fundamental inspecionada em suas experiências. Este limite abre mais áreas para os robôs trabalharem em circunstâncias não estruturadas e dinâmicas, desde atividades familiares e assistência individual até avaliação de espaço e testes de redução. Não obstante, à medida que os robôs se tornam mais organizados no domínio público, é crucial abordar avaliações morais, sociais e relacionadas com o dinheiro relacionadas com o seu envio. As tensões sobre a fuga de trabalho, o endosso, a segurança e as afinidades algorítmicas devem ser meticulosamente consideradas e trabalhadas por meio de regras rígidas, franqueza e obrigações.bem como as dificuldades e entradas que temos pela frente. Olhando para o futuro, o destino certo da mecânica de ponta mantém um potencial monstruoso para uma reviravolta extra nos acontecimentos e na revelação. À medida que o progresso continua a avançar, os robôs acabarão por ser intensamente integrados nos nossos planos padrão, perturbando empreendimentos, afiliações e, surpreendentemente, os nossos esforços conjuntos. De veículos gratuitos e robôs de transporte a grandes assistentes mecanizados, as portas para o progresso mecânico são limitadas essencialmente por nossos personagens criativos e engenhosidade. Um local extraordinariamente convincente é o desenvolvimento de uma mecânica de nível irrefutável sensível, movida pela biomecânica de componentes vivos habituais. Robôs sensíveis são transportados utilizando materiais versáteis que refletem a flexibilidade e versatilidade dos tecidos padrão, considerando tentativas formadas protegidas e frágeis com indivíduos e itens delicados. As utilizações de melhorias mecânicas frágeis variam de engenhocas clínicas e próteses a exoesqueletos vestíveis e pinças complicadas para regular itens delicados. Outra vantagem na pesquisa em mecânica de primeira classe é a avaliação de infinitas mecânicas de primeira classe, persuadidas pelas formas totais de gerenciando a atuação de insetos sociais como insetos e abelhas. Os robôs de enxame devem participar de grandes reuniões para realizar empreendimentos complexos que seriam perigosos ou surpreendentes para um robô solitário realizar sozinho. Casos de um grande número de aplicações de avanço mecânico juntam-se a missões de perseguição e resgate, verificação de padrões e projetos de melhoria. Além disso, os avanços no pensamento mecanizado e na consciência criada pelo homem estão engajando os robôs para aprender e se adaptar às suas peças regulares de forma transparente. Apoiar avaliações de aprendizagem, de forma inequívoca, conceder robôs para ajudar novos endpoints por meio de tentativa e erro, refinando sua duração fundamental inspecionada em suas experiências. Este limite abre mais áreas para os robôs trabalharem em circunstâncias não estruturadas e dinâmicas, desde atividades familiares e assistência individual até avaliação de espaço e testes de redução. Não obstante, à medida que os robôs se tornam mais organizados no domínio público, é crucial abordar avaliações morais, sociais e relacionadas com o dinheiro relacionadas com o seu envio. As tensões sobre a fuga de trabalho, o endosso, a segurança e as afinidades algorítmicas devem ser meticulosamente consideradas e trabalhadas por meio de regras rígidas, franqueza e obrigações.Um local extraordinariamente convincente é o desenvolvimento de uma mecânica de nível irrefutável e sensível, movida pela biomecânica de partes vivas normais. Robôs sensíveis são transportados utilizando materiais versáteis que refletem a flexibilidade e versatilidade dos tecidos padrão, considerando tentativas formadas protegidas e frágeis com indivíduos e itens delicados. As utilizações de melhorias mecânicas frágeis variam de engenhocas clínicas e próteses a exoesqueletos vestíveis e pinças complicadas para regular itens delicados. Outra vantagem na pesquisa em mecânica de primeira classe é a avaliação de infinitas mecânicas de primeira classe, persuadidas pelas formas totais de gerenciando a atuação de insetos sociais como insetos e abelhas. Os robôs de enxame devem participar de grandes reuniões para realizar empreendimentos complexos que seriam perigosos ou surpreendentes para um robô solitário realizar sozinho. Casos de um grande número de aplicações de avanço mecânico juntam-se a missões de perseguição e resgate, verificação de padrões e projetos de melhoria. Além disso, os avanços no pensamento mecanizado e na consciência criada pelo homem estão engajando os robôs para aprender e se adaptar às suas peças regulares de forma transparente. Apoie avaliações de aprendizagem, inequivocamente, conceda robôs para ajudar novos endpoints por meio de tentativa e erro, refinando sua duração fundamental inspecionada em suas experiências. Este limite abre mais áreas para os robôs trabalharem em circunstâncias não estruturadas e dinâmicas, desde atividades familiares e assistência individual até avaliação de espaço e testes de redução. Não obstante, à medida que os robôs se tornam mais organizados no domínio público, é crucial abordar avaliações morais, sociais e relacionadas com o dinheiro relacionadas com o seu envio. As tensões sobre a fuga de trabalho, o endosso, a segurança e as afinidades algorítmicas devem ser meticulosamente consideradas e trabalhadas por meio de regras rígidas, franqueza e obrigações.Um local extraordinariamente convincente é o desenvolvimento de uma mecânica de nível irrefutável e sensível, movida pela biomecânica de partes vivas normais. Robôs sensíveis são transportados utilizando materiais versáteis que refletem a flexibilidade e versatilidade dos tecidos padrão, considerando tentativas formadas protegidas e frágeis com indivíduos e itens delicados. As utilizações de melhorias mecânicas frágeis variam de engenhocas clínicas e próteses a exoesqueletos vestíveis e pinças complicadas para regular itens delicados. Outra vantagem na pesquisa em mecânica de primeira classe é a avaliação de infinitas mecânicas de primeira classe, persuadidas pelas formas totais de gerenciando a atuação de insetos sociais como insetos e abelhas. Os robôs de enxame devem participar de grandes reuniões para realizar empreendimentos complexos que seriam perigosos ou surpreendentes para um robô solitário realizar sozinho. Casos de um grande número de aplicações de avanço mecânico juntam-se a missões de perseguição e resgate, verificação de padrões e projetos de melhoria. Além disso, os avanços no pensamento mecanizado e na consciência criada pelo homem estão engajando os robôs para aprender e se adaptar às suas peças regulares de forma transparente. Apoiar avaliações de aprendizagem, de forma inequívoca, conceder robôs para ajudar novos endpoints por meio de tentativa e erro, refinando sua duração fundamental inspecionada em suas experiências. Este limite abre mais áreas para os robôs trabalharem em circunstâncias não estruturadas e dinâmicas, desde atividades familiares e assistência individual até avaliação de espaço e testes de redução. Não obstante, à medida que os robôs se tornam mais organizados no domínio público, é crucial abordar avaliações morais, sociais e relacionadas com o dinheiro relacionadas com o seu envio. As tensões sobre a fuga de trabalho, o endosso, a segurança e as afinidades algorítmicas devem ser meticulosamente consideradas e trabalhadas por meio de regras rígidas, franqueza e obrigações.os avanços no pensamento mecanizado e na consciência criada pelo homem estão a envolver os robôs na aprendizagem e na adaptação às suas peças normais de forma transparente. Apoiar avaliações de aprendizagem, de forma inequívoca, conceder robôs para ajudar novos endpoints por meio de tentativa e erro, refinando sua duração fundamental inspecionada em suas experiências. Este limite abre mais áreas para os robôs trabalharem em circunstâncias não estruturadas e dinâmicas, desde atividades familiares e assistência individual até avaliação de espaço e testes de redução. Não obstante, à medida que os robôs se tornam mais organizados no domínio público, é crucial abordar avaliações morais, sociais e relacionadas com o dinheiro relacionadas com o seu envio. As tensões sobre a fuga de trabalho, o endosso, a segurança e as afinidades algorítmicas devem ser meticulosamente consideradas e trabalhadas por meio de regras rígidas, franqueza e obrigações.os avanços no pensamento mecanizado e na consciência criada pelo homem estão a envolver os robôs na aprendizagem e na adaptação às suas peças normais de forma transparente. Apoiar avaliações de aprendizagem, de forma inequívoca, conceder robôs para ajudar novos endpoints por meio de tentativa e erro, refinando sua duração fundamental inspecionada em suas experiências. Este limite abre mais áreas para os robôs trabalharem em circunstâncias não estruturadas e dinâmicas, desde atividades familiares e assistência individual até avaliação de espaço e testes de redução. Não obstante, à medida que os robôs se tornam mais organizados no domínio público, é crucial abordar avaliações morais, sociais e relacionadas com o dinheiro relacionadas com o seu envio. As tensões sobre a fuga de trabalho, o endosso, a segurança e as afinidades algorítmicas devem ser meticulosamente consideradas e trabalhadas por meio de regras rígidas, franqueza e obrigações.

Além disso, as tentativas de autorizar a mistura e o pensamento no trabalho criativo de melhoria mecânica são importantes para garantir que os desenvolvimentos razoáveis da progressão mecânica sejam razoavelmente espalhados por todas as afiliações. Eventualmente, o destino possível das obrigações de melhoria mecânica será tanto o avanço quanto o teste, à medida que continuamos a fomentar as necessidades do que é possível com máquinas afiadas. Ao fazer esforços interdisciplinares, abraçando reuniões e pensamentos, e concentrando-nos na reviravolta moral e cuidadosa dos acontecimentos, podemos estabelecer o poder impressionante da melhoria mecânica para garantir, num nível extraordinariamente essencial, um futuro verdadeiramente cativante e razoável para todos. Ao iniciarmos esta jornada para o futuro, continuemos atentos às nossas características e necessidades, esforçando-nos para tornar uma realidade onde robôs e indivíduos possam vencer como um só. Apesar dos progressos mecânicos, o destino específico da mecânica de ponta será correspondentemente ilustrado por maravilhosos pontos de vista e dados sociais. À medida que os robôs se tornam mais padrão em nossos planos mais comuns, é fundamental traçar uma história positiva e cautelosa em torno de seu trabalho e obrigações potenciais. Este curso não trata apenas da presença de todos, mas sim dos pontos finais e objetivos dos robôs, em qualquer caso, bem como de mover simpatia, compreensão e esforço conjunto entre indivíduos e máquinas. Além disso, a mistura de robôs no campo público exigirá exames rápidos de planos épicos e significativos para garantir a realização, a segurança e o uso moral de novas reviravoltas mecânicas nos acontecimentos. Os decisores políticos e os embelezadores devem tentar ligar-se a escolhas e decisões que abordem os inconvenientes e cursos resultantes em mecânica de alto nível, desde a segurança da informação e prosperidade moderada até ao risco e obrigação, continuando a reconhecer que deverá surgir um evento de catástrofes ou influências.

Enquanto isso, tentar democratizar o consentimento para o progresso e o contorno da mecânica de nível inquestionável é fundamental para fazer mais uma nova evolução e ajudar as pessoas e os relacionamentos a participarem da inutilidade da predeterminação da mecânica de nível evidente. Impulsos, por exemplo, materiais de código aberto e estágios de programação, espaços de criação e desenvolvimento mecânico fornecem caminhos para o esforço conjunto e obtenção, atraindo diferentes vozes e pontos de vista para adicionar à progressão da mecânica de nível óbvio. Da mesma forma, à medida que os robôs se tornam ligados à cultura humana, é enorme observar as repercussões morais e filosóficas das experiências humano-robô. As exigências relativas à independência, à associação e à oportunidade de cuidados revelar-se-ão gigantescas à medida que os robôs se tornarem mais refinados e livres. É convincente avançar em direção a esses planos com humildade, empatia e verificação de valores como consideração, congruência e bondade. Por fim, o destino inescapável do aperfeiçoamento mecânico contém um compromisso titânico de levar os indivíduos ao sucesso e estabelecer novos caminhos para o progresso e a honestidade. Ao abraçar a obstrução da melhoria mecânica e ao mesmo tempo focar nas cargas morais, sociais e sociais que acompanham a sua divisão dividida aos olhos do público, podemos criar um futuro onde robôs e pessoas concordem encantadoramente, partilhando para criar um mundo inigualável de agora em diante. o futuro previsível, indefinidamente, infinitamente, incessantemente. À medida que avançamos nesta aventura pelo delicado, continuemos trabalhados com as nossas qualidades e fundamentos, tentando construir um futuro onde a melhoria sirva as metas e necessidades mais elevadas da humanidade.

Investigando as atividades internas da mecânica avançada atual

Avanços tardios em mecânica aplicada: Os procedimentos do Workshop Virtual de Mecânica Aplicada (VSAM 2021) fornecem conhecimentos significativos sobre progressões mecânicas em mecânica forte, mecânica líquida e design biomédico.

Os principais especialistas de todo o mundo participaram desta reunião, cobrindo assuntos, por exemplo, exames matemáticos sobre a geração de ondas não diretas de ovelhas através de superfícies delaminadas em estruturas de placas compostas endurecidas. A transmissão de dados de excitação depende de coletores de energia cantilever. Modelos de campo de estágio aplicados à trinca em sólidos. A reprodução concentra-se na proliferação do potencial de atividade no tecido epicárdico devido a alterações de qualidade. Avaliação das condições limite de derramamento no DNS de fluxos de mosca violentos. Impacto da infusão fluídica no comprimento central de planos sônicos retangulares. Disseminação de tensões em placas muito extensas com aberturas redondas. Ideias de sensores astutos para avaliações modulares de extensões expostas a excitações arbitrárias e de veículos. Investigação balística de líquido de espessamento de cisalhamento impregnado com textura de polietileno unidirecional de espessura subatômica super alta. 2. Recriações subatômicas: Embora não estejam diretamente relacionadas à mecânica, as recriações subatômicas assumem um papel significativo na compreensão das propriedades dos compostos físicos das estruturas de matéria densa. Essas recriações consolidam técnicas matemáticas com a capacidade do PC de abordar conexões entre partículas ou átomos. Mecânica à moda antiga: A mecânica clássica serve como base para resolver questões dinâmicas complexas. É fundamental para considerar estruturas mecânicas, bem como para entender os detalhes básicos da mecânica quântica e da ciência física mensurável.

Capítulo 3: Mecânica de Alto Nível na Indústria: Mudando a Coleta e a Criação

O espaço de reunião e criação passou por uma grande mudança com a mistura da inovação mecânica nos ciclos atuais. Desde estruturas de desenvolvimento consecutivo de veículos até fábricas de equipamentos, os robôs mudaram a forma como o produto é transportado, desenvolvendo ainda mais capacidade, exatidão e flexibilidade. Neste segmento, examinaremos o impacto da mecânica de ponta na indústria e como a robotização está remodelando o destino da manufatura.

.No centro da mecânica de ponta do negócio está a possibilidade da automação, a utilização de máquinas para realizar tarefas com intercessão humana sem importância. Os robôs atuais são máquinas explícitas planejadas para executar tarefas sérias e prolongadas com velocidade, precisão e consistência. Equipados com sensores, atuadores e sistemas de controle de última geração, esses robôs podem gerenciar uma ampla variedade de tarefas de coleta, desde soldagem e pintura até embalagem e paletização. Um dos benefícios fundamentais da inovação mecânica na indústria é a capacidade de reunir eficácia e rendimento enquanto diminui custos e períodos de ciclo. Utilizando tarefas rotineiras, os robôs podem trabalhar perpetuamente, o dia inteiro, de forma consistente, sem a necessidade de pausas ou tempo individual, estimulando resultados mais elevados e uma eficiência mais perceptível. Isso permite que os criadores satisfaçam requisitos crescentes e, ao mesmo tempo, fiquem atentos aos níveis elevados de valor significativo e consistência em seus produtos. Além disso, os robôs envolvem os criadores para atingir níveis de exatidão e precisão que são cansativos ou desafiadores de serem alcançados apenas com o trabalho humano. Braços robotizados de nível inegável, equipados com sensores de exatidão e sistemas de visão, podem realizar empreendimentos sociais complexos com precisão submilimétrica, garantindo proteções rígidas e restringindo manchas. Isto é particularmente crítico em organizações como a Flight, onde a precisão é essencial para a prosperidade e o desempenho. No desenvolvimento para redesenhar a eficácia e a qualidade, a inovação mecânica no negócio oferece ainda vantagens de flexibilidade e adaptabilidade. Diferentemente dos casos de reunião normais, que são em geral inflexíveis e destemidos, a automação mecânica considera a rápida reconfiguração e reavaliação para obrigar a mudanças no planejamento das coisas, no volume de produção ou nas receitas do mercado. Essa habilidade faz com que os produtores respondam rapidamente aos componentes móveis da área de negócios e às tendências dos clientes, ganhando uma posição elevada no mercado. Além disso, a inovação mecânica no negócio tem um impacto básico na criação adicional de segurança e ergonomia no clima de trabalho por meio da mecanização de empreendimentos arriscados ou mencionados. Os robôs podem gerenciar pesos significativos, trabalhar em temperaturas ou condições excessivas e realizar atividades que representam ameaças a profissionais treinados por humanos, como soldagem ou pintura. Ao diminuir a receptividade dos trabalhadores a condições perigosas, os robôs ajudam a criar ambientes de trabalho melhores e mais seguros, diminuindo a probabilidade de desastres e lesões. No entanto, a crescente reunião de mecânicos de ponta na indústria também levanta questões e desafios associados aos negócios. , arranjo e impactos relacionados ao dinheiro. Embora os robôs possam aprimorar profissionais treinados por humanos e estabelecer novas portas de entrada para situações profissionais em manutenção, programação e placa de mecânica de ponta, eles também podem eliminar tipos específicos de cargos pouco talentosos ou enfadonhos.As tentativas de resolver estes problemas através do planeamento da força de trabalho, de empreendimentos de requalificação e de metodologias que promovam a criação de trabalho e a melhoria monetária são importantes para garantir que as vantagens da inovação mecânica sejam partilhadas de forma justa por toda a sociedade. têm um impacto significativo no contexto da forma como o estoque é feito, transformando as fábricas em sistemas de criação particularmente motorizados, capazes e versáteis. Ao equipar o poder da mecânica de ponta para aumentar a produtividade, melhorar a qualidade e promover ainda mais a prosperidade no local de trabalho, os criadores podem abrir novas portas para melhoria e progressão na comunidade empresarial em geral. À medida que continuamos a pesquisar a capacidade de inovação mecânica nos negócios, vamos tentar criar um futuro onde a motorização seja um catalisador para mudanças positivas, impulsionando realizações relacionadas com dinheiro, razoabilidade e bem-estar humano. é criado um campo de inovação mecânica na indústria, estão surgindo manias e avanços contínuos que garantem ciclos e limites de fabricação de revisão extra. Robôs agradáveis, ou cobots, são uma dessas reviravoltas, e espera-se que trabalhem perto de trabalhadores humanos em espaços de trabalho compartilhados. Esses robôs são equipados com recursos de segurança de última geração e locais regulares de comunicação, permitindo-lhes colaborar com indivíduos em atividades como eventos sociais, pesquisa e consideração de material. Os cobots oferecem aos produtores a flexibilidade para motorizar tarefas complexas, mantendo-se conscientes da supervisão e capacidade humana, provocando sistemas de criação mais viáveis e adaptáveis. Outro projeto que molda o possível destino da inovação mecânica nos negócios é a união do pensamento feito pelo homem (baseado em PC conhecimento) e cálculos de inteligência artificial em estruturas computadorizadas. Robôs alimentados por inteligência artificial podem decompor enormes volumes de informação, reconhecer exemplos e fazer escolhas perspicazes continuamente. Isto permite-lhes avançar nos processos de criação, antecipar necessidades de apoio e ajustar-se às novas circunstâncias com maior exatidão e produtividade. Ao enfrentar a força da inteligência baseada em computador, os fabricantes podem abrir novos níveis de eficiência, qualidade e desenvolvimento em suas operações. Em expansão para avanços em equipamentos de tecnologia mecânica e programação, a recepção de avanços avançados como a Web das Coisas (IoT) e a computação distribuída está impulsionando o desenvolvimento da montagem. Esses avanços permitem que os robôs interajam e se comuniquem com diferentes máquinas, sensores e estruturas no clima de criação, tornando os sistemas biológicos interconectados conhecidos como plantas brilhantes. Em linhas de produção inteligentes, os robôs podem trocar informações com perfeição, coordenar empreendimentos e responder a críticas contínuas, gerando processos de montagem mais ágeis e responsivos.a tecnologia mecânica na indústria não se restringe às áreas de montagem convencionais, mas, por outro lado, está se aventurando em novos arredores, como a fabricação de substâncias adicionadas, também chamada de impressão 3D. Os robôs de impressão 3D podem fazer cálculos complexos e peças personalizadas com alta precisão e produtividade, mudando a forma como os itens são planejados, prototipados e fabricados. De peças de aviação a inserções clínicas, os robôs de impressão 3D oferecem aos fabricantes flexibilidade e imaginação raras no desenvolvimento e produção de produtos. À medida que a tecnologia mecânica avança e se desenvolve, os limites entre os universos físico e computadorizado tornam-se progressivamente obscurecidos, resultando em oportunidades adicionais de avanço e esforço coordenado. Desde robôs independentes e robôs versáteis para estratégias e armazenamento até estruturas mecânicas para fabricação personalizada e criação sob solicitação, o futuro destino da mecânica avançada na indústria tem um potencial ilimitado para mudar a forma como configuramos, fabricamos e transportamos produtos. a mecânica avançada na indústria está remodelando o cenário da montagem e da criação, capacitando os produtores a alcançar novos graus de proficiência, adaptabilidade e desenvolvimento. Ao abraçar os avanços mais recentes na inovação mecânica avançada e utilizar a força da robotização, do raciocínio artificial e da disponibilidade informatizada, os fabricantes podem criar estruturas de criação hábeis e responsivas que impulsionam o desenvolvimento financeiro, a capacidade de suporte e a seriedade no centro comercial mundial. À medida que continuamos a investigar os resultados potenciais da mecânica avançada na indústria, mantenhamo-nos concentrados em equipar a inovação para apoiar a humanidade, criando um futuro onde robôs e pessoas cooperem de forma agradável para fabricar um mundo superior para todos. não está apenas remodelando os processos de produção, mas também abrindo novas portas abertas para o desenvolvimento monetário e a seriedade em escala mundial. Ao abraçar a inovação mecânica avançada, os fabricantes podem facilitar a criação, reduzir custos e desenvolver ainda mais a qualidade dos produtos, permitindo-lhes permanecer leves e responsivos num centro comercial inegavelmente agressivo. Isso, portanto, pode gerar uma fatia maior do bolo, bases de clientes ampliadas e produtividade mais notável para organizações que adotam a automação. Além disso, a mecânica avançada na indústria pode impulsionar o desenvolvimento e os empreendimentos comerciais, reduzindo os obstáculos às seções e capacitando poucos e médias empresas (PME) para competir com parcerias maiores. Com a acessibilidade de estruturas automatizadas razoáveis e abertas, novas empresas e pioneiros podem promover novos produtos, investigar anúncios especializados e perturbar negócios tradicionais com arranjos criativos. Esta democratização da inovação em mecânica avançada cultiva uma cultura de desenvolvimento e imaginação,estimulando o desenvolvimento financeiro e a criação de ocupação em diferentes áreas da economia. Além disso, as vantagens da mecânica avançada na indústria vão além das contemplações monetárias do passado para envolver a sustentabilidade ecológica e a obrigação social. Ao simplificar o uso de ativos, limitar o desperdício e diminuir a utilização de energia, os ciclos de montagem baseados em tecnologia mecânica podem agregar benefícios econômicos e inofensivos ao futuro do ecossistema. Além disso, através da robotização de tarefas inseguras ou genuinamente solicitantes, os robôs ajudam a desenvolver ainda mais a segurança do ambiente de trabalho e a diminuir feridas e doenças relacionadas com palavras, melhorando a prosperidade e a satisfação pessoal dos trabalhadores. a mudança e a mudança não têm limites. Desde acelerar a velocidade do avanço mecânico até abrir novas portas abertas para a mudança monetária dos acontecimentos e o avanço social, a tecnologia mecânica pode moldar o mundo de maneiras significativas e significativas. Ao abraçar as mais recentes progressões na inovação da mecânica avançada e cultivar esforços coordenados entre a indústria, a comunidade acadêmica e o governo, podemos abrir a capacidade máxima da tecnologia mecânica para criar um futuro superior, mais próspero e prático para todos. , a tecnologia mecânica na indústria aborda um poder extraordinário que está a reformar a forma como os produtos são fabricados, disseminados e consumidos. Ao sobrecarregar a força da informatização, do raciocínio criado pelo homem e das redes avançadas, os fabricantes podem criar quadros de criação coordenados, eficazes e responsivos que impulsionem o desenvolvimento monetário, o desenvolvimento e a sustentabilidade. À medida que continuamos a investigar os resultados potenciais da tecnologia mecânica na indústria, mantenhamo-nos concentrados em abordar a inovação para ajudar a humanidade, criando um futuro onde robôs e pessoas cooperem amigavelmente para construir um mundo superior durante muito tempo no futuro.Ao abraçar as mais recentes progressões na inovação da mecânica avançada e cultivar esforços coordenados entre a indústria, a comunidade acadêmica e o governo, podemos abrir a capacidade máxima da tecnologia mecânica para criar um futuro superior, mais próspero e prático para todos. , a tecnologia mecânica na indústria aborda um poder extraordinário que está a reformar a forma como os produtos são fabricados, disseminados e consumidos. Ao sobrecarregar a força da informatização, do raciocínio criado pelo homem e das redes avançadas, os fabricantes podem criar quadros de criação coordenados, eficazes e responsivos que impulsionem o desenvolvimento monetário, o desenvolvimento e a sustentabilidade. À medida que continuamos a investigar os resultados potenciais da tecnologia mecânica na indústria, mantenhamo-nos concentrados em abordar a inovação para ajudar a humanidade, criando um futuro onde robôs e pessoas cooperem amigavelmente para construir um mundo superior durante muito tempo no futuro.Ao abraçar as mais recentes progressões na inovação da mecânica avançada e cultivar esforços coordenados entre a indústria, a comunidade acadêmica e o governo, podemos abrir a capacidade máxima da tecnologia mecânica para criar um futuro superior, mais próspero e prático para todos. , a tecnologia mecânica na indústria aborda um poder extraordinário que está a reformar a forma como os produtos são fabricados, disseminados e consumidos. Ao sobrecarregar a força da informatização, do raciocínio criado pelo homem e das redes avançadas, os fabricantes podem criar quadros de criação coordenados, eficazes e responsivos que impulsionem o desenvolvimento monetário, o desenvolvimento e a sustentabilidade. À medida que continuamos a investigar os resultados potenciais da tecnologia mecânica na indústria, mantenhamo-nos concentrados em abordar a inovação para ajudar a humanidade, criando um futuro onde robôs e pessoas cooperem amigavelmente para construir um mundo superior durante muito tempo no futuro.

De sistemas de construção sequenciais a linhas de produção astutas

Estruturas de avanço moderado: trechos críticos de tempos passados. Estruturas de melhoria moderada ajustadas na montagem durante os séculos XX. A apresentação de Henry Part sobre a extraordinária estrutura de melhoria para a produção competente de veículos em um nível surpreendentemente importante afetou a capacidade e a sensibilidade aos custos. Ao limitar esforços complexos a avanços mais genuínos e enfadonhos, a estrutura de desenvolvimento em constante evolução da Parte considerou a criação mais rápida e o plano de jogo do veículo modelo inteligente. Progresso da informatização dos encontros. Robotização (1800 a meados de 1900): Máquinas básicas, como polias e interruptores, robotizaram um trabalho intrigante.

A estrutura de desenvolvimento de formação confiável tornou-se uma indicação desse estágio, atraindo expansão monstruosa, montagem e declínio de custos. Robotização Níveis de progresso (década de 1970): Controladores de raciocínio programáveis (PLCs) e máquinas de controle numérico de PC (CNC) trouxeram precisão e flexibilidade. Os produtores poderiam robotizar processos mais complicados. Reunião incrível (coisa mais recente): Plantas capazes coordenam níveis de progresso de configuração de modelo, como mecânica de nível enorme, pensamento feito pelo homem (pensamento modernizado) e Catch of Things (IoT). Estes planos interligados distribuem condições de criação autónomas. A montagem precisa atualiza cadeias de estoque inteiras, desde as coisas mais importantes até as movimentações, usando avaliação de dados e anotações implacáveis. Benefícios da Informatização no Partido. Capacidade expandida: a robotização acelera a criação, diminuindo a porta de entrada para estoque. Redução de custos: Limitar trabalhos perturbadores e brincadeiras diminui os custos. Qualidade Regulamentada: A robotização garante uma qualidade sólida, diminuindo a instabilidade. Segurança redesenhada: menos esforços manuais significam menos riscos. Plantas reguladoras maravilhosas versus sistemas de criação mecânica padrão Ambientes de trabalho atuais: Utilize planos e materiais interconectados para transmitir dados de direção. Conecte a melhor escolha de criação para chefes, os controladores mostraram especialistas e pioneiros preparados. Coordene a mecânica de nível inquestionável de nível óbvio, dados produzidos pelo homem e IoT. Baseado na interconectividade da estrutura e no compartilhamento de dados. Necessidade de reduzir rejeições, cortar custos e aumentar o limite de assistência. Estruturas de criação mecânica padrão: Integram ciclos diretos onde cada especialista realiza empreendimentos inequívocos. Isso pode causar gargalos e adiamentos. Não há flexibilidade e versatilidade em linhas de criação maravilhosas. As fábricas de supervisão da End Sharp abordam o pico dos eventos de confraternização, usando o desenvolvimento para reviver as cadeias de criação e fornecimento. À medida que avançamos, a coordenação confiável dos universos físicos e de certos níveis continuará a moldar o possível destino das reuniões.

Capítulo 4: Robôs na Assistência Médica: Mudança de Medicação e Paciente

Ultimamente, a tecnologia mecânica tem surgido como uma grande potência no campo dos cuidados médicos, reformando a forma como as operações são realizadas e como a consideração do paciente é transmitida. Desde robôs cuidadosos que ajudam os especialistas com precisão e habilidade até estruturas mecânicas que dão ajuda e apoio aos pacientes, a combinação da tecnologia mecânica nos serviços médicos gerou progressos críticos nos resultados da terapia, no bem-estar dos pacientes e, em geral, na natureza dos cuidados. Nesta seção, investigaremos o efeito dos robôs nos cuidados médicos e o trabalho extraordinário que eles desempenham na moldagem do futuro destino da medicina. Na linha de frente da tecnologia mecânica nos cuidados médicos estão os robôs cuidadosos, que mudaram o ato de um médico. procedimento, oferecendo graus excepcionais de precisão, controle e percepção. Essas estruturas mecânicas são equipadas com inovações de imagem de ponta, como câmeras de alta qualidade e imagens 3D, que fornecem aos especialistas permeabilidade atualizada e visão profunda durante os sistemas.

Além disso, armas automatizadas com diferentes níveis de oportunidade e aptidão capacitam os especialistas a executar movimentos complexos com maior precisão e adaptabilidade do que as técnicas cuidadosas habituais. Um dos exemplos mais notáveis de mecânica cuidadosamente avançada é o da Vinci Careful Framework, que tem sido amplamente adotado. para sistemas insignificantemente invasivos em reivindicações de fama como urologia, ginecologia e procedimentos médicos em geral. A estrutura da Vinci é composta por braços mecânicos limitados por um console especializado, considerando desenvolvimentos exatos e controle de tecidos sensíveis com pontos de entrada insignificantes. Ao limitar a lesão a tecidos e órgãos abrangentes, a mecânica ajudou um procedimento médico a oferecer aos pacientes tempos de recuperação mais rápidos, menor dor e resultados corretivos mais desenvolvidos em comparação com a cirurgia aberta tradicional. Na expansão para a tecnologia mecânica cuidadosa, os robôs também estão assumindo um papel inegavelmente significativo na ajuda clínica e restauração. Por exemplo, exoesqueletos mecânicos estão sendo utilizados para ajudar pacientes com impedâncias de versatilidade, como feridas na coluna vertebral ou derrames, fornecendo suporte abastecido aos seus apêndices inferiores. Esses exoesqueletos capacitam os pacientes a ficarem de pé, andarem e realizarem exercícios da vida cotidiana com maior liberdade e certeza, gerando melhorias na capacidade real e na natureza da vida. Além disso, os robôs estão sendo transportados em aplicações de telemedicina para fornecer informações distantes. aconselhamento e observação de pacientes em regiões carentes ou distantes. Robôs de telepresença equipados com câmeras e telas permitem que os prestadores de cuidados médicos se conectem com os pacientes e conduzam avaliações continuamente, atravessando obstruções geológicas e aumentando o acesso às administrações de cuidados médicos. Isto é especialmente importante em redes locais ou durante crises, quando a admissão ao tratamento clínico pode ser limitada. Além disso, os robôs estão sendo utilizados em uma variedade de outros ambientes de assistência médica, incluindo drogarias, instalações de pesquisa e centros de restauração, para mecanizar tarefas rotineiras e desenvolver ainda mais a produtividade. Estruturas robotizadas de administração de medicamentos garantem dosagem precisa e reduzem o risco de erros de prescrição, enquanto dispositivos automatizados de flebotomia suavizam os sistemas de coleta de sangue e limitam a inconveniência para os pacientes. Além disso, os robôs estão sendo utilizados em tratamento e recuperação não invasivos para oferecer atividades personalizadas e reuniões de tratamento personalizadas de acordo com as necessidades individuais do paciente. No entanto, à medida que a inovação em mecânica avançada continua impulsionando, ela também levanta ramificações morais, administrativas e culturais que deveriam ser atendido. As preocupações com a compreensão do bem-estar, da segurança e dos riscos exigem reflexão e supervisão cautelosas para garantir que os robôs sejam transportados de maneira competente e moral. Além disso,os esforços para lidar com as variações na admissão à inovação automatizada e às administrações de serviços médicos são fundamentais para garantir que todos os pacientes se beneficiem da capacidade da mecânica avançada para trabalhar nos resultados clínicos e na natureza da vida. , oferecendo novas portas abertas para trabalhar em operações, consideração do paciente e resultados de bem-estar geral. Desde robôs cuidadosos que capacitam estratégias pouco intrusivas até exoesqueletos automatizados que ajudam na versatilidade e recuperação, a combinação de tecnologia mecânica nos serviços médicos está abrindo novos espaços para avanço e revelação. À medida que continuamos a investigar a capacidade dos robôs nos cuidados médicos, continuemos guiados pela nossa obrigação de impulsionar a prosperidade humana e construir um futuro onde a inovação sirva as necessidades tanto dos pacientes como dos fornecedores de serviços médicos. os serviços médicos continuam se desenvolvendo, surgem novos desenvolvimentos e aplicações que garantem mudar ainda mais o ato de medicação e a consideração do paciente. Uma dessas áreas de avanço é a utilização de raciocínio computadorizado (inteligência artificial) e cálculos de IA para atualizar as capacidades de estruturas automatizadas. Esmagadoramente de informações clínicas, os robôs controlados por inteligência artificial podem ajudar os médicos a diagnosticar doenças, organizar sistemas de terapia e antecipar resultados de pacientes com maior precisão e eficiência. arranjos de observação do paciente. Por exemplo, robôs equipados com biossensores e dispositivos de verificação fisiológica podem seguir sinais imperativos, identificar sinais precoces de alerta de doenças e fornecer medicamentos ou alarmes oportunos a pacientes e prestadores de cuidados médicos. Esta verificação e informações contínuas capacitam a administração proativa de infecções persistentes e diminuem a necessidade de visitas clínicas de emergência regulares, estimulando o trabalho em resultados tolerantes e fundos de reserva de custos para sistemas de cuidados médicos. Além disso, a mecânica avançada está perturbando o campo da imagem clínica e do diagnóstico, considerando reconhecimento mais exato e produtivo de doenças e irregularidades. Estruturas de imagem automatizadas, por exemplo, robôs direcionados por raios X e scanners mecânicos de ultrassom, permitem o foco exato e a percepção de projetos físicos, melhorando a precisão analítica e diminuindo a necessidade de metodologia intrusiva. Além disso, os dispositivos de biópsia mecânica permitem que os médicos obtenham testes de tecidos com maior precisão e risco insignificante para os pacientes, levando a determinações e planejamento de tratamento mais precisos. Além disso, a tecnologia mecânica está assumindo um papel fundamental no atendimento de dificuldades básicas de cuidados médicos, como a pandemia do Coronavírus. ,capacitando eventos rápidos e organização de testes demonstrativos, terapêutica e imunizações. Robôs estão sendo utilizados em laboratórios para mecanizar processos de testes de alto rendimento, acelerando a descoberta de doenças virais e trabalhando com esforços de acompanhamento de contato. Além disso, os robôs estão sendo transportados em clínicas para higienizar superfícies, transportar medicamentos e ajudar na consideração dos pacientes, diminuindo o risco de transmissão e aliviando o peso dos profissionais de saúde. para abordar preocupações relacionadas à proteção do paciente, segurança da informação e contemplações morais. Devem ser criados escudos para garantir que os dados dos pacientes sejam protegidos e que os robôs sejam utilizados de forma consciente e moral, de acordo com as regras e diretrizes clínicas estabelecidas. Além disso, os esforços para resolver as aberrações na admissão à inovação mecânica e às administrações de cuidados médicos são urgentes para garantir a prestação justa de serviços médicos e desenvolver ainda mais resultados de bem-estar para todos os pacientes. No final, a tecnologia mecânica está pronta para mudar o ato da medicação e do paciente. consideração de maneira significativa e eficaz. Desde robôs cuidadosos que capacitam métodos insignificantemente invasivos até quadros sintomáticos controlados por inteligência baseados em computador e arranjos de verificação de compreensão distantes, a união da tecnologia mecânica em serviços médicos mantém um compromisso colossal para trabalhar em resultados clínicos, diminuindo custos de serviços médicos e melhorando o satisfação pessoal dos pacientes. À medida que continuamos a investigar a capacidade dos robôs nos cuidados médicos, mantenhamo-nos concentrados em abordar a inovação para ajudar a humanidade, construindo um futuro onde todos se aproximem de administrações de serviços médicos de alto calibre, misericordiosas e personalizadas. Além disso, à medida que os robôs se tornam organizados de forma confiável em estruturas de vantagens clínicas, é vital focar no esforço conjunto interdisciplinar e no compromisso de decoração para garantir que as unidades eletrônicas abordem os problemas e noções dos pacientes, fornecedores de pensamento clínico e outros cúmplices. Ao estabelecer o relacionamento entre engenheiros, médicos, profissionais treinados, formuladores de políticas e pacientes, podemos co-criar arranjos criativos que abordem as dificuldades e entradas intrigantes no transporte de vantagens clínicas. Da mesma forma, os esforços para impulsionar a preparação e a organização no novo desenvolvimento mecânico e no pensamento clínico são épicos para estabelecer a impressionante nova temporada de pensamento clínico, organizando especialistas e tecnólogos para estabelecer as extensões mais avançadas do progresso automatizado. Ao abrir portas para uma experiência dinâmica, esforço conjunto interdisciplinar e aprendizado confiável, podemos fornecer aos especialistas em vantagens clínicas as informações e os desfechos de que precisam para incorporar o movimento mecânico em sua prática clínica e ajudar ainda mais nos resultados das ideias dos pacientes. Além disso, como planejamos, é crucial investir recursos em esforços criativos para promover o que há de melhor em movimento mecânico e ideias clínicas. Ao apoiar projetos de avaliação interdisciplinares, iniciativas de desenvolvimento e afiliações público-privadas, podemos acelerar a velocidade do progresso e trazer impulsos incrivelmente eletrónicos do laboratório para o local de trabalho. Isso combina novos estágios motorizados, avaliações e sensores crescentes que atendem às necessidades clínicas adquiridas e capacitam um cuidado renovado e focado no paciente. Finalmente, o desenvolvimento mecânico está pronto para mudar a exibição dos medicamentos e as considerações dos pacientes, oferecendo novos caminhos para direcionar os resultados clínicos, redesenhar os encontros com os pacientes e diminuir os custos dos benefícios clínicos. Ao abraçar a limitação da melhoria mecânica no pensamento clínico e trabalhar de forma consistente em todas as disciplinas e regiões, podemos construir um futuro onde todos se aproximem de afiliações de vantagens clínicas de grau inegável, inteligentes e alteradas. À medida que continuamos observando os resultados regulares dos robôs no pensamento clínico, continuemos guiados por nossa obrigação de impulsionar os indivíduos ao sucesso e construir um futuro onde a melhoria atenda às necessidades dos pacientes e dos fornecedores de benefícios clínicos da mesma forma.

Avanços em tecnologia mecânica cuidadosa e ajuda clínica

Procedimentos médicos auxiliados por robôs: Os procedimentos médicos auxiliados por robôs avançaram desde que se originaram no final da década de 1960. As estruturas de cuidado automatizadas atuais vêm equipadas com braços profundamente hábeis e ferramentas reduzidas. Essas estruturas diminuem os terremotos, fortalecem movimentos frágeis e melhoram a exatidão cuidadosa. A combinação de avanços de imagem e representação desenvolve ainda mais a precisão. Estrutura de crítica háptica: Robôs cuidadosos atualmente integram uma estrutura de entrada háptica.

➢ Isso permite que os especialistas monitorem a consistência do tecido durante métodos sem contato real, evitando ferimentos devido à aplicação excessiva de energia. Teleoperação: Os especialistas podem superar os limites topográficos utilizando a teleoperação. Esta inovação permite a transmissão de cuidados médicos específicos à distância. Raciocínio computadorizado (inteligência baseada em computador) e IA (ML): a inteligência baseada em computador e o ML assumem um papel crítico na direção cuidadosa. Eles melhoram o reconhecimento de designs físicos desconcertantes, gerando melhores resultados para os pacientes. Recuperação mais rápida e menos confusões: Essa infinidade de avanços contribui para uma recuperação mais rápida e persistente e menos complexidades pós-cuidado. Seja como for, existem dificuldades para sobreviver:

Custo: As estruturas mecânicas são caras para proteger e manter.
> Tamanho: O tamanho das estruturas mecânicas pode impedir determinadas configurações. Preparação especializada: A preparação legítima é fundamental para a utilização bem-sucedida de robôs cuidadosos. Independentemente destas dificuldades, o destino dos procedimentos médicos mecânicos parece encorajador. Avanços, por exemplo, a mecanização impulsionada pela inteligência artificial, os nanorrobôs, os procedimentos médicos de corte minúsculo, as estruturas teleroboticas semi-robotizadas e o efeito da rede 5G em procedimentos médicos distantes continuam a impulsionar o avanço nos serviços médicos. Organizações como Natural Careful, Johnson and Johnson, Medtronic e Olympus são pioneiras neste campo.

Capítulo 5: Trabalho dos Robôs na Investigação: Impulsionando Divulgações Espaciais e Marítimas

Os robôs há muito percebem um papel fundamental na compreensão de que podemos relaxar o universo e desvendar os segredos de um local monótono, tanto no planeta sem investigação. Desde vagabundos eletrônicos que cruzam a superfície marciana até veículos desmontados que planejam as profundezas das profundezas do mar, o exame mecânico está aumentando as necessidades de informação humana e remodelando nosso ponto de vista sobre o universo.

Nesta parte, veremos a mudança no controle dos robôs na avaliação e as aberturas cruciais em que eles participam no espaço e nos oceanos. Na extrema vanguarda da avaliação mecânica está o campo do desenvolvimento mecânico de salas, que envolve inúmeras missões e avanços motorizados. que se espera que examinem corpos divinos e verifiquem o universo. Os desgarrados computadorizados, por exemplo, os vagabundos de Marte da NASA, Soul, Opportunity e Premium, mudaram a forma como poderíamos desvendar o Planeta Vermelho, inspecionando sua superfície, conduzindo avaliações razoáveis e reunindo modelos geográficos. Esses andarilhos são equipados com um conjunto de instrumentos, incluindo câmeras, espectrômetros e brocas, que os atraem para observar a cena marciana e fazer excursões em busca de indicações de vida passada ou presente. Além disso, foguetes mecânicos, por exemplo, o Explorer da NASA testes e os desgarrados de Marte passaram por nossa reunião planetária, fornecendo informações e dados importantes sobre os níveis externos do universo.

Esses eventos sociais mecânicos espaciais são equipados com sensores e instrumentos que os permitem focar em planetas distantes, luas e magníficas coisas não convencionais, revelando um discernimento do contorno e desenvolvimento de nosso partido planetário e do universo mais fundamental. Além disso, telescópios e observatórios mecânicos, por exemplo, o Telescópio Espacial Hubble e o Telescópio Espacial James Webb, continuam a mudar a percepção de que poderíamos desvendar o universo encontrando imagens chocantes e reunindo informações de estruturas distantes e fenômenos importantes. à avaliação do espaço, os robôs esperam correspondentemente um papel significativo na avaliação dos oceanos, conectando-se com especialistas para estudar e orientar as colossais e perdoadas profundezas do mar, via de regra, base. Veículos de corte gratuitos (AUVs) e veículos de trabalho remoto (ROVs) equipados com câmeras, sonar e outros sensores são capazes de cair a profundidades de milhares de metros, coletando dados básicos básicos e simbolismo de cenas cortadas e planos comuns. Esses robôs atraem especialistas para se concentrarem em fontes oceânicas distantes, recifes de corais e vida marinha, fornecendo dados importantes sobre a interconectividade dos mares da Terra e o efeito dos exercícios humanos nos ecossistemas marinhos. em condições insanas, por exemplo, a região polar e canais oceânicos distantes para trabalhar com avaliação sensata e rastrear mudanças típicas. Robôs que entram no gelo, como o Icebreaker da NASA, são utilizados para localizar pedaços de mantos de gelo polares e detectar mudanças no nível do oceano e no ambiente. Além disso, ROVs oceânicos distantes equipados com braços de controlador e instrumentos de observação atraem especialistas para reunir elementos essenciais do progresso, das rochas e da vida marinha das profundezas do mar, acrescentando como poderíamos desvendar a história espacial e a biodiversidade da Terra. O desenvolvimento está atraindo o desenvolvimento de reações criativas para investigar e colonizar outros corpos impressionantes, como a Lua e Marte. Landers automatizados e condições equipadas com a presença de afiliações realmente importantes e impulsos de uso de ativos estão sendo feitos para ajudar em missões de avaliação humana a esses universos distantes. Além disso, robôs e vagabundos livres estão sendo considerados para uso no desenvolvimento de peças típicas comuns lunares e marcianas, bem como na prospecção e mineração de ativos essenciais como água e minerais. mar, é fundamental pensar sobre as consequências retardadas morais, normais e legítimas da avaliação robotizada. As tentativas de salvar e observar os planos tradicionais de corpos alucinantes e da vida oceânica contra a degradação e a estupidez exigem um procedimento cauteloso e coordenação entre os relacionamentos em geral. Além disso,as preocupações com o desperdício e a poluição do espaço devem ser abordadas para garantir a realidade dos exercícios de exame de sala e cortar a aposta no contato com foguetes e satélites obrigatórios. Na certificação, os robôs estão antecipando uma parte essencial da condução da visão para que possamos traduzir o universo e promover as florestas da avaliação humana. Desde a análise de planetas distantes e corpos de dinamite até a organização das profundezas das profundezas do mar, o exame mecânico está relacionado a aberturas fundamentais e à remodelação de como podemos traduzir o universo. À medida que continuamos a aumentar as limitações do exame mecânico, continuemos a trabalhar com a nossa taxa mais memorável, o córtex frontal imaginativo e a obrigação de pesquisar os pedaços fracos e frouxos de informação do universo. os imperativos dos viajantes robotizados devem ser ainda maiores, impressionantes em áreas de força para mais e divulgações na avaliação espacial e oceânica. Por exemplo, futuras missões espaciais poderiam integrar o arranjo de enormes tamanhos de robôs de escopo limitado para avaliar superfícies planetárias de forma impressionantemente mais rápida, coletar testes e direcionar avaliações de maneira direta. Esses robôs poderiam compartilhar gentilmente, passando e descobrindo suas atividades para atingir alvos exigentes com mais capacidade do que missões individuais. Da mesma forma, na avaliação dos oceanos, tipos de progresso no progresso mecânico de alto nível estão abrindo passagens adicionais para se concentrar em ótimas condições, por exemplo, fontes de água, canais oceânicos distantes e mares cobertos de gelo. AUVs reduzidos, equipados com sensores de última geração e dispositivos de desmontagem, poderiam ser fornecidos em números colossais para planejar e analisar remotamente e testar para aparecer nos distritos, revelando informações sobre a biodiversidade, geografia e estados padrão do enorme oceano. , certos mecânicos de nível estão trabalhando com assistência geral e participação em tentativas de avaliação, com afiliações espaciais, estabelecimentos de pesquisa e afiliações restritivas consolidando tentativas de reunir recursos e coragem para supervisionar inconvenientes sólidos e complexos. Por exemplo, a Estação Espacial Geral (ISS) termina como um palco para organizar preparativos e testar revisões em um clima de microgravidade, com exploradores espaciais e planos mecânicos participando para incitar como poderíamos traduzir a prosperidade humana, a ciência dos materiais e as tecnologias de avaliação espacial. Da mesma forma, iniciativas consistentes, por exemplo, o Programa de Avaliação Nautilus do Sea Assessment Trust reúne especialistas, fashionistas e professores de todo o mundo para pesquisar e permanecer um distrito muito antigo e monótono das profundezas do mar. Ao utilizar tecnologias robotizadas, como ROVs e AUVs, esses esforços estão descobrindo novas espécies, técnicas terrestres e estruturas típicas, atualizando como podemos relaxar o clima marinho e sua importância para a vida na Terra.à medida que os limites de avaliação mecânica continuam a melhorar, ganha-se dinheiro para utilizar robôs para procurar indicações de vida extraterrestre e condições suportáveis em diferentes planetas e luas. Missões para luas frias, por exemplo, Europa e Encélado, que poderiam dar sentido aos mares subterrâneos sob suas superfícies congeladas, poderiam endurecer o envio de testes mecânicos para analisar esses universos distantes e saídas para verificação da vida microbiana ou de condições confiáveis para a vida, à medida que avançamos. conheça-o.No entanto, ao partirmos de pontos fortes para essas missões, é fundamental abordar as repercussões morais, garantidas e sociais da avaliação mecanizada. As exigências relativas à segurança planetária, ao efeito típico e à dispersão razoável de recursos devem ser cuidadosamente consideradas para garantir que os ensaios de avaliação sejam feitos continuamente e de acordo com os procedimentos e estruturas gerais. Além disso, os esforços para atrair as pessoas ao redor e energizar a discussão sobre as vantagens e os perigos da avaliação mecânica são fundamentais para construir patrocínio e compreensão para futuros esforços de avaliação. Na decisão, os robôs estão passando por uma parte incomum na execução de cuidados que poderíamos desvendar o universo e fazer crescer as áreas instigadas do exame humano. Desde a investigação de planetas distantes e corpos excepcionais até a organização das profundezas das profundezas do mar, os peregrinos mecânicos estão abrindo novas aberturas e remodelando a forma como podemos desvendar o universo. À medida que continuamos ampliando as limitações da avaliação robotizada, continuemos moldados por nossa mente criativa e cinco estrelas e pela obrigação de explorar o que é enfadonho e estimular as pessoas no futuro a empreender o insondável.Desde a investigação de planetas distantes e corpos excepcionais até a organização das profundezas das profundezas do mar, os peregrinos mecânicos estão abrindo novas aberturas e remodelando a forma como podemos desvendar o universo. À medida que continuamos ampliando as limitações da avaliação robotizada, continuemos moldados por nossa mente criativa e cinco estrelas e pela obrigação de explorar o que é enfadonho e estimular as pessoas no futuro a empreender o insondável.Desde a investigação de planetas distantes e corpos excepcionais até a organização das profundezas das profundezas do mar, os peregrinos mecânicos estão abrindo novas aberturas e remodelando a forma como podemos desvendar o universo. À medida que continuamos ampliando as limitações da avaliação robotizada, continuemos moldados por nossa mente criativa e cinco estrelas e pela obrigação de explorar o que é enfadonho e estimular as pessoas no futuro a empreender o insondável.

De Mars Wanderers a Remote Ocean Voyagers

Justamente quando ouvimos "desviados", nossas mentes saltam continuamente para imagens da avaliação de Marte, onde vagabundos mecânicos como Steady Quality e Premium exploram a superfície do Planeta Vermelho, desmantelando sua geologia em busca de sinais de razoabilidade do passado. Independentemente disso, a Terra também mostra seus desgarrados, e eles exploram um substituto selvagem: o imenso oceano. Um vagabundo memorável é o Benthic Wanderer II, feito por especialistas do Monterey Delta Aquarium Assessment Connection (MBARI). De forma alguma como os seus parceiros marcianos, o Benthic Vagabond II trabalha 4.000 metros abaixo da superfície do oceano, numa nova planície crítica, superando a impressionante pilha de 6.000 libras por cada centímetro quadrado de pressão. Devíamos entrar no universo encantador da avaliação do mar distante e estudar este confuso desgarrado. Benthic Drífter II: Pesquisando a avaliação crítica do ciclo de carbono da base marítima: A principal missão do Benthic Stray II é acumular dados relacionados ao ciclo de carbono. Procura respostas para perguntas como: Que fontes de carbono aparecem nas profundezas do mar distante? Será que esse carbono regressa ao ambiente sob a forma de dióxido de carbono (potencialmente contribuindo para uma mudança global de temperatura) ou permanece sequestrado em segurança na melhoria dos oceanos? Ao estudar o uso de oxigênio por animais e microorganismos após algum tempo, o andarilho ajuda os cientistas a compreender como o carbono se move da superfície para a base do mar. Ambiente de teste: O ambiente marítimo distante onde o Benthic Wanderer II funciona é absurdo: Planície crítica: Uma base marítima ignorada e tumultuada com uma profundidade de 4.000 metros. Temperaturas frias e alta tensão: O andarilho avança através de condições congelantes e enorme pressão.

> ➢ Escuridão: A luz solar não entra nessas profundezas, então o vagabundo depende de iluminação falsificada. Avaliação

Gratuita: Benthic Vagabond II trabalha desinibidamente, investigando a base marítima, obtendo fotografias e reunindo dados. Sua câmera capta encontros estremecedores com peixes enormes, por exemplo, olhando através de rattails (Coryphaenoides sp.). Contemplações para a Mudança Ecológica: Compreender o ciclo do carbono no mar distante tem repercussões mais significativas para a mudança comum. Esperar que o dióxido de carbono seja libertado da base marítima poderá contribuir para o aquecimento geral. Por outro lado, o sequestro de carbono no desenvolvimento dos oceanos mitiga os impactos comuns. Encargos de organização: Desviar-se para o mar distante incorpora obstáculos de orquestração surpreendentes: Materiais liberais: O vagabundo deve se mover além da pressão louca e da água salgada comovente. Curso claro: O curso relativo da cena, semelhante ao que funcionou com o extraviado de Marte, ajuda o Benthic Wanderer II a examinar verdadeiramente. Resumindo, enquanto os vagabundos de Marte destroem planetas distantes, Benthic Wanderer II salta para os mistérios dos nossos oceanos colossais. Seus dados contribuem para a forma como podemos desenrolar as peças de carbono e esclarecem nosso método de gerenciamento e administração da administração normal.

Capítulo 6: Mecânica Avançada e Instrução: Formando o Destino da Aprendizagem

Ultimamente, a inovação mecânica surgiu como um recurso necessário para a evolução e a preparação, oferecendo aos alunos de todas as idades a oportunidade de participar em experiências de aprendizagem elaboradas que apoiam mentes criativas, pensamento conclusivo e capacidades de raciocínio decisivo. Das escolas primárias às universidades, os programas de mecânica de alto nível estão estimulando os alunos a explorar as disciplinas de ciências, desenvolvimento, planejamento e matemática (STEM) de maneira imaginativa e associativa.

Nesta parte, pesquisaremos a ocupação da inovação mecânica na preparação e seu impacto no recorte do destino da aprendizagem. No centro da inovação mecânica, a tutoria é a perspectiva de progredir fazendo, onde os alunos participam com sucesso na organização, construção, e programar robôs para lidar com dificuldades genuínas. Ao trabalhar de forma útil em reuniões, os alunos adquirem enormes capacidades como correspondência, esforço conjunto e tarefas no conselho, que são resultados importantes na força de trabalho do século XXI. Além disso, os projetos de inovação mecânica apoiam a inventividade e o aprimoramento, pois os alunos são incentivados a investigar vários caminhos em relação a diferentes planos e negócios para atingir seus objetivos. Um dos estágios mais notáveis para a preparação para a inovação mecânica é o LEGO Mindstorms, que equipa os alunos com uma abordagem adaptável e direta. palco para construção e programação de robôs utilizando blocos e sensores LEGO. Os pacotes LEGO Mindstorms reúnem blocos programáveis, motores, sensores e dispositivos de programação que incentivam os alunos a planejar e criar robôs que podem realizar um grande número de tarefas, desde investigar percursos obstruídos até orquestrar coisas ou brincar. Essas unidades são usadas em salas de aula em todo o planeta para mostrar aos alunos os fundamentos da inovação mecânica e da programação de uma forma tola e perspicaz. Além disso, contenções de inovação mecânica como FIRST Mechanical Innovation e VEX Progressed Mechanics oferecem aos alunos a possível oportunidade de aplicar suas capacidades e dados em um ambiente implacável, onde projetam, desenvolvem e programam robôs para lutar em um movimento de desafios. Esses desafios proporcionam aos alunos uma compreensão envolvente, bem como desenvolvem a colaboração, o espírito esportivo e uma sensação de melhoria à medida que as reuniões se reúnem para lidar com questões incríveis e alcançar objetivos compartilhados. Além disso, as disputas de inovação mecânica oferecem aos alunos receptividade a práticas de planejamento autênticas e mentores da indústria, proporcionando experiências significativas em possíveis caminhos de negócios nas áreas STEM. Além disso, a preparação para a inovação mecânica não se limita às configurações habituais dos corredores de revisão, mas, novamente, está sendo facilitada no aprendizado descontraído. condições, por exemplo, programas extracurriculares, acampamentos diurnos e espaços para criadores. Essas portas abertas de aprendizagem descontraída permitem que os alunos estudem a mecânica avançada em seu ritmo e busquem suas tendências em assuntos STEM além da sala de aula. Além disso, clubes e afiliações de mecânica de alto nível proporcionam aos alunos a sensação de que a comunidade tem um lugar onde podem colaborar com colegas que compartilham interesses e paixões próximas. Além disso, os mecânicos de alto nível esperam um papel fundamental na promoção da diversidade e da reflexão em STEM. preparação, abrindo portas para reuniões sub-representadas, incluindo mulheres e minorias, buscar participar de portas abertas dinâmicas para caminhos de desenvolvimento e pesquisa em desenvolvimento e planejamento. Motiva, por exemplo, Jovens Mulheres Que Codificam e Minorias Étnicas. O CODE está se esforçando para se conectar com mulheres jovens e mulheres jovens em busca de vocações nas áreas STEM por meio de mecânica de ponta e programas de codificação que acentuam a mente criativa, o esforço facilitado e o desenvolvimento de autoridade .No entanto, à medida que o ensino de mecânica de ponta continua a se desenvolver, é fundamental enfrentar desafios como acesso, valor e planejamento do professor para garantir que todos os alunos tenham a oportunidade esperada de se beneficiar da preparação de mecânica de ponta. Tentativas de reunir permissão para recursos e atividades mecânicas de ponta em redes mal atendidas, fornecer portas de entrada significativas para educadores e promover práticas de exibição de longo alcance são fundamentais para fechar a abertura da direção STEM e aproveitar o tempo excepcional de pioneiros e solucionadores de problemas .No final, a inovação mecânica está mudando a tutoria, oferecendo aos alunos oportunidades dinâmicas de desenvolvimento que capacitam mentes criativas, pensamento definitivo e esforço composto. Desde pacotes LEGO Mindstorms em escolas primárias até desafios de inovação mecânica em escolas opcionais e universidades, a preparação mecânica de alto nível está incentivando os alunos a explorar assuntos STEM de maneiras até agora incompreensíveis. À medida que continuamos a fornecer o poder da mecânica de ponta na preparação, permaneçamos empenhados em estabelecer condições de aprendizagem abrangentes que conectem todos os alunos para terem sucesso e prosperarem no século 21. Além disso, à medida que o avanço continua a criar, as portas abertas para mecânicas de ponta em tutoria estão se desenvolvendo, oferecendo novas portas de entrada para o desenvolvimento e portas abertas aprimoradas. As progressões de realidade virtual e estendida (VR/AR), por exemplo, estão sendo facilitadas na inovação mecânica, preparando-se para estabelecer circunstâncias virtuais onde os alunos podem projetar, construir e testar robôs em ambientes reencenados. Estas experiências virtuais incentivam os alunos a examinar pensamentos e circunstâncias complexas de uma forma salvaguardada e natural, atualizando a sua compreensão e apoio aos princípios STEM. Além disso, a inovação mecânica está a ser usada para ajudar o progresso interdisciplinar em muitas partes da informação, desde o artesanato e a música até à história. e compondo. Por exemplo, a mecânica de alto nível que solidifica partes da descrição, da inventividade e do design desafia os alunos a pensar num sentido geral e de forma imaginativa, à medida que reavivam as suas contemplações através da mecânica de ponta. Ao planejar a mecânica progredida em ambientes curriculares agrupados, os educadores podem atrair estudantes para enormes e significativas portas abertas para o desenvolvimento que ultrapassam qualquer fronteira entre a especulação e a prática.a mecânica de alto nível capacita a participação geral e o intercâmbio social de estudantes parceiros de diferentes países e estabelecimentos por meio de aventuras e contenções mecânicas progredidas compartilhadas. Projetos como o Vital Global Test e o RoboCup Junior unem-se a reuniões de estudantes de todo o mundo para colaborar nas dificuldades da inovação mecânica e exibir seus dons em um palco global. Esses esforços compostos em todo o mundo promovem diversos conhecimentos e parcerias, bem como permitem aos alunos oportunidades críticas para incentivar a participação, a correspondência e as capacidades de organização em um contexto multicultural. Além disso, a tutoria de inovação mecânica conecta os alunos para se tornarem solucionadores de problemas e melhorarem suas organizações, aplicando sua compreensão e capacidades para determinar questões e problemas genuínos. Por exemplo, projetos de inovação mecânica focados na proteção regular, resposta a falhas e consideração clínica envolvem os alunos para incluir o desenvolvimento progredido da mecânica para o extraordinário social e ter um resultado valioso em suas organizações. Ao participar em projetos de aprendizagem assistida, os alunos promovem a compaixão, a simpatia e uma sensação de compromisso social, posicionando-os para se tornarem morais e associados aos ocupantes num mundo irrefutavelmente interligado. para lidar com as tensões sobre as consequências morais, sociais e biológicas do desenvolvimento da mecânica de ponta. As discussões sobre o uso ético da inovação mecânica, incluindo questões como segurança, liberdade e inclinação, devem ser facilitadas em arranjos instrutivos de mecânica de ponta para garantir que os alunos tenham um conhecimento diferenciado dos exames éticos elaborados com a organização e envio de estruturas informatizadas. . Além disso, as tentativas de impulsionar a sensibilidade e o aprimoramento proficiente no ensino de inovação mecânica são fundamentais para garantir que os alunos estejam preparados para enfrentar os desafios e oportunidades intrigantes do futuro. No final, a mecânica de alto nível está mudando a preparação, oferecendo aos alunos oportunidades atraentes e marcantes. para o desenvolvimento que desenvolve mentes criativas, pensamento inequívoco e esforço composto. Desde unidades LEGO Mindstorms em escolas primárias até desafios mundiais de inovação mecânica em escolas opcionais e universidades, a preparação para inovação mecânica está levando os alunos a examinar assuntos STEM de maneiras até agora incompreensíveis. À medida que continuamos a dominar o poder da inovação mecânica na preparação, continuemos empenhados em estabelecer condições de aprendizagem completas que conectem todos os alunos para se tornarem substitutos e pioneiros bem estabelecidos que possam prosperar no século XXI para dizer o mesmo. ao menos.o Vital Global Test e o RoboCup Junior unem-se a reuniões de estudantes de todo o mundo para colaborar nas dificuldades da inovação mecânica e exibir seus dons em um palco geral.

Esses esforços compostos em todo o mundo promovem diversos conhecimentos e parcerias, bem como permitem aos alunos oportunidades críticas para incentivar a participação, a correspondência e as capacidades de organização em um contexto multicultural. Além disso, a tutoria de inovação mecânica conecta os alunos para se tornarem solucionadores de problemas e melhorarem suas organizações, aplicando sua compreensão e capacidades para determinar questões e problemas genuínos. Por exemplo, projetos de inovação mecânica focados na proteção regular, resposta a falhas e consideração clínica envolvem os alunos para incluir o desenvolvimento progredido da mecânica para o extraordinário social e ter um resultado valioso em suas organizações. Ao participar em projetos de aprendizagem assistida, os alunos promovem a compaixão, a simpatia e uma sensação de compromisso social, posicionando-os para se tornarem morais e associados aos ocupantes num mundo irrefutavelmente interligado. para lidar com as tensões sobre as consequências morais, sociais e biológicas do desenvolvimento da mecânica de ponta. As discussões sobre o uso ético da inovação mecânica, incluindo questões como segurança, liberdade e inclinação, devem ser facilitadas em arranjos instrutivos de mecânica de ponta para garantir que os alunos tenham um conhecimento diferenciado dos exames éticos elaborados com a organização e envio de estruturas informatizadas. . Além disso, as tentativas de impulsionar a sensibilidade e o aprimoramento proficiente no ensino de inovação mecânica são fundamentais para garantir que os alunos estejam preparados para enfrentar os desafios e oportunidades intrigantes do futuro. No final, a mecânica de alto nível está mudando a preparação, oferecendo aos alunos oportunidades atraentes e marcantes. para o desenvolvimento que desenvolve mentes criativas, pensamento inequívoco e esforço composto. Desde unidades LEGO Mindstorms em escolas primárias até desafios mundiais de inovação mecânica em escolas opcionais e universidades, a preparação para inovação mecânica está levando os alunos a examinar assuntos STEM de maneiras até agora incompreensíveis. À medida que continuamos a dominar o poder da inovação mecânica na preparação, continuemos empenhados em estabelecer condições de aprendizagem completas que conectem todos os alunos para se tornarem substitutos e pioneiros bem estabelecidos que possam prosperar no século XXI para dizer o mesmo. ao menos.o Vital Global Test e o RoboCup Junior unem-se a reuniões de estudantes de todo o mundo para colaborar nas dificuldades da inovação mecânica e exibir seus dons em um palco geral. Esses esforços compostos em todo o mundo promovem diversos conhecimentos e parcerias, bem como permitem aos alunos oportunidades críticas para incentivar a participação, a correspondência e as capacidades de organização em um contexto multicultural. Além disso, a tutoria de inovação mecânica conecta os alunos para se tornarem solucionadores de problemas e melhorarem suas organizações, aplicando sua compreensão e capacidades para determinar questões e problemas genuínos. Por exemplo, projetos de inovação mecânica focados na proteção regular, resposta a falhas e consideração clínica envolvem os alunos para incluir o desenvolvimento progredido da mecânica para o extraordinário social e ter um resultado valioso em suas organizações. Ao participar em projetos de aprendizagem assistida, os alunos promovem a compaixão, a simpatia e uma sensação de compromisso social, posicionando-os para se tornarem morais e associados aos ocupantes num mundo irrefutavelmente interligado. para lidar com as tensões sobre as consequências morais, sociais e biológicas do desenvolvimento da mecânica de ponta. As discussões sobre o uso ético da inovação mecânica, incluindo questões como segurança, liberdade e inclinação, devem ser facilitadas em arranjos instrutivos de mecânica de ponta para garantir que os alunos tenham um conhecimento diferenciado dos exames éticos elaborados com a organização e envio de estruturas informatizadas. . Além disso, as tentativas de impulsionar a sensibilidade e o aprimoramento proficiente no ensino de inovação mecânica são fundamentais para garantir que os alunos estejam preparados para enfrentar os desafios e oportunidades intrigantes do futuro. No final, a mecânica de alto nível está mudando a preparação, oferecendo aos alunos oportunidades atraentes e marcantes. para o desenvolvimento que desenvolve mentes criativas, pensamento inequívoco e esforço composto. Desde unidades LEGO Mindstorms em escolas primárias até desafios mundiais de inovação mecânica em escolas opcionais e universidades, a preparação para inovação mecânica está levando os alunos a examinar assuntos STEM de maneiras até agora incompreensíveis. À medida que continuamos a dominar o poder da inovação mecânica na preparação, continuemos empenhados em estabelecer condições de aprendizagem completas que conectem todos os alunos para se tornarem substitutos e pioneiros bem estabelecidos que possam prosperar no século XXI para dizer o mesmo. ao menos.A tutoria de inovação mecânica conecta os alunos para se tornarem solucionadores de problemas e melhorarem suas organizações, aplicando sua compreensão e capacidades para determinar questões e problemas genuínos. Por exemplo, projetos de inovação mecânica focados na proteção regular, resposta a falhas e consideração clínica envolvem os alunos para incluir o desenvolvimento progredido da mecânica para o extraordinário social e ter um resultado valioso em suas organizações. Ao participar em projetos de aprendizagem assistida, os alunos promovem a compaixão, a simpatia e uma sensação de compromisso social, posicionando-os para se tornarem morais e associados aos ocupantes num mundo irrefutavelmente interligado. para lidar com as tensões sobre as consequências morais, sociais e biológicas do desenvolvimento da mecânica de ponta. As discussões sobre o uso ético da inovação mecânica, incluindo questões como segurança, liberdade e inclinação, devem ser facilitadas em arranjos instrutivos de mecânica de ponta para garantir que os alunos tenham um conhecimento diferenciado dos exames éticos elaborados com a organização e envio de estruturas informatizadas. . Além disso, as tentativas de impulsionar a sensibilidade e o aprimoramento proficiente no ensino de inovação mecânica são fundamentais para garantir que os alunos estejam preparados para enfrentar os desafios e oportunidades intrigantes do futuro. No final, a mecânica de alto nível está mudando a preparação, oferecendo aos alunos oportunidades atraentes e marcantes. para o desenvolvimento que desenvolve mentes criativas, pensamento inequívoco e esforço composto. Desde unidades LEGO Mindstorms em escolas primárias até desafios mundiais de inovação mecânica em escolas opcionais e universidades, a preparação para inovação mecânica está levando os alunos a examinar assuntos STEM de maneiras até agora incompreensíveis. À medida que continuamos a dominar o poder da inovação mecânica na preparação, continuemos empenhados em estabelecer condições de aprendizagem completas que conectem todos os alunos para se tornarem substitutos e pioneiros bem estabelecidos que possam prosperar no século XXI para dizer o mesmo. ao menos.A tutoria de inovação mecânica conecta os alunos para se tornarem solucionadores de problemas e melhorarem suas organizações, aplicando sua compreensão e capacidades para determinar questões e problemas genuínos. Por exemplo, projetos de inovação mecânica focados na proteção regular, resposta a falhas e consideração clínica envolvem os alunos para incluir o desenvolvimento progredido da mecânica para o extraordinário social e ter um resultado valioso em suas organizações. Ao participar em projetos de aprendizagem assistida, os alunos promovem a compaixão, a simpatia e uma sensação de compromisso social, posicionando-os para se tornarem morais e associados aos ocupantes num mundo irrefutavelmente interligado. para lidar com as tensões sobre as consequências morais, sociais e biológicas do desenvolvimento da mecânica de ponta. As discussões sobre o uso ético da inovação mecânica, incluindo questões como segurança, liberdade e inclinação, devem ser facilitadas em arranjos instrutivos de mecânica de ponta para garantir que os alunos tenham um conhecimento diferenciado dos exames éticos elaborados com a organização e envio de estruturas informatizadas. . Além disso, as tentativas de impulsionar a sensibilidade e o aprimoramento proficiente no ensino de inovação mecânica são fundamentais para garantir que os alunos estejam preparados para enfrentar os desafios e oportunidades intrigantes do futuro. No final, a mecânica de alto nível está mudando a preparação, oferecendo aos alunos oportunidades atraentes e marcantes. para o desenvolvimento que desenvolve mentes criativas, pensamento inequívoco e esforço composto. Desde unidades LEGO Mindstorms em escolas primárias até desafios mundiais de inovação mecânica em escolas opcionais e universidades, a preparação para inovação mecânica está levando os alunos a examinar assuntos STEM de maneiras até agora incompreensíveis. À medida que continuamos a dominar o poder da inovação mecânica na preparação, continuemos empenhados em estabelecer condições de aprendizagem completas que conectem todos os alunos para se tornarem substitutos e pioneiros bem estabelecidos que possam prosperar no século XXI para dizer o mesmo. ao menos.incluindo questões como segurança, liberdade e inclinação, devem ser facilitadas no arranjo instrutivo de mecânica de ponta para garantir que os alunos tenham um conhecimento diferenciado dos exames éticos elaborados com a organização e envio de estruturas informatizadas. Além disso, as tentativas de impulsionar a sensibilidade e o aprimoramento proficiente no ensino de inovação mecânica são fundamentais para garantir que os alunos estejam preparados para enfrentar os desafios e oportunidades intrigantes do futuro. No final, a mecânica de alto nível está mudando a preparação, oferecendo aos alunos oportunidades atraentes e marcantes. para o desenvolvimento que desenvolve mentes criativas, pensamento inequívoco e esforço composto. Desde unidades LEGO Mindstorms em escolas primárias até desafios mundiais de inovação mecânica em escolas opcionais e universidades, a preparação para inovação mecânica está levando os alunos a examinar assuntos STEM de maneiras até agora incompreensíveis. À medida que continuamos a dominar o poder da inovação mecânica na preparação, continuemos empenhados em estabelecer condições de aprendizagem completas que conectem todos os alunos para se tornarem substitutos e pioneiros bem estabelecidos que possam prosperar no século XXI para dizer o mesmo. ao menos.incluindo questões como segurança, liberdade e inclinação, devem ser facilitadas no arranjo instrutivo de mecânica de ponta para garantir que os alunos tenham um conhecimento diferenciado dos exames éticos elaborados com a organização e envio de estruturas informatizadas. Além disso, as tentativas de impulsionar a sensibilidade e o aprimoramento proficiente no ensino de inovação mecânica são fundamentais para garantir que os alunos estejam preparados para enfrentar os desafios e oportunidades intrigantes do futuro. No final, a mecânica de alto nível está mudando a preparação, oferecendo aos alunos oportunidades atraentes e marcantes. para o desenvolvimento que desenvolve mentes criativas, pensamento inequívoco e esforço composto. Desde unidades LEGO Mindstorms em escolas primárias até desafios mundiais de inovação mecânica em escolas opcionais e universidades, a preparação para inovação mecânica está levando os alunos a examinar assuntos STEM de maneiras até agora incompreensíveis. À medida que continuamos a dominar o poder da inovação mecânica na preparação, continuemos empenhados em estabelecer condições de aprendizagem completas que conectem todos os alunos para se tornarem substitutos e pioneiros bem estabelecidos que possam prosperar no século XXI para dizer o mesmo. ao menos.

Coordenando a tecnologia mecânica no programa educacional STEM

Classificar o desenvolvimento mecânico na organização STEM (Ciência, Progressão, Coleta e Aprendizagem) é fundamental para reunir os substitutos com os endpoints que eles desejam para o mundo em geral. Devemos observar como a melhoria pode capacitar a aprendizagem STEM: Condições de aprendizagem padrão on-line: Esses estágios premiam os alunos substitutos para serem atraídos pela satisfação. Eles podem participar de reconstituições, testes e exercícios obrigatórios relacionados a avaliações mecânicas. Os instrumentos online podem fornecer dados rápidos e alterações de acordo com os princípios básicos de condução individuais. Redirecionamento: os aumentos são recursos centrais para mostrar regras mecânicas. Os alunos substitutos podem empreender coisas diferentes em várias condições, observar resultados e obter experiências práticas. Por exemplo, replicar planos mecânicos ou descobrir modelos virtuais pode ficar atento à sua compreensão. Realidade Expandida (AR): AR sobrepõe dados avançados a esta forte realidade. Em um ambiente mecânico, a AR pode ajudar os alunos a imaginar planos complexos, como motores ou estruturas de materiais. Imagine alunos usando óculos AR e vendo modelos 3D comuns de peças mecânicas durante um modelo. Realidade feita para PC (VR): VR destrói alunos em um clima transmitido por PC. Para direção mecânica, a VR pode representar a construção de pisos de fábrica, planos de melhoria moderados ou muito espaço. Os alunos substitutos podem ver equipamentos, questões de pesquisa e tentativas de apoio prático em um clima controlado e controlado. Jogos Eletrônicos: A gamificação pode tornar indiscutíveis as avaliações mecânicas da aprendizagem. Jogos esclarecedores podem fazer com que os alunos se aprofundem em questões de coordenação, reunião de estruturas ou avanço de estruturas mecânicas. Ao organizar a mecânica do jogo, os instrutores podem permanecer atentos à realidade e à inspiração.

Capítulo 7: Veículos Independentes: Rumo a um Futuro Sem Condutores

Ultimamente, os veículos independentes surgiram como uma inovação revolucionária com a possibilidade de reformar a forma como viajamos, conduzimos e transportamos produtos. De veículos e caminhões autônomos a robôs independentes e robôs de transporte, a ascensão de veículos independentes está remodelando o destino do transporte e da versatilidade. Nesta parte, investigaremos o rumo dos acontecimentos, as dificuldades e as ramificações dos veículos independentes à medida que avançamos em direção a um futuro sem motorista.

Na vanguarda da inovação em veículos independentes estão os veículos autônomos, que utilizam uma combinação de sensores, câmeras, radar e cálculos de consciência feitos pelo homem para explorar ruas e tráfego sem mediação humana. Organizações como Tesla, Waymo e Journey estão abrindo caminho na criação e teste de estruturas de direção independentes que garantem tornar as ruas mais seguras, diminuir os congestionamentos e aumentar a portabilidade para indivíduos de qualquer idade e capacidade. Esses veículos autônomos podem mudar o transporte metropolitano, proporcionando benefícios de versatilidade sob solicitação e frotas de veículos independentes compartilhadas que complementam as viagens públicas e diminuem a dependência da propriedade confidencial de veículos. Além disso, os veículos independentes estão prontos para alterar os fatores coordenados e a indústria de transporte, capacitando completamente caminhões independentes e veículos de transporte que podem trabalhar dia após dia sem a necessidade de motoristas humanos. Organizações como Leave, TuSimple e Amazon estão criando acordos de transporte independentes que garantem aumento de proficiência, redução de custos e desenvolvimento adicional de bem-estar no transporte de cargas de longo curso. Através da robotização de tarefas rotineiras, por exemplo, condução e rotas, os camiões independentes podem alterar as operações planeadas da rede de produção e perturbar a forma como as mercadorias são expedidas e transportadas pela nação em todo o mundo. veículos (UAV) e drones que possam explorar de forma independente o espaço aéreo e transportar mão-de-obra e produtos para regiões remotas ou indisponíveis. Organizações como Amazon Prime Air e Wing do Google estão criando estruturas independentes de transporte de robôs que garantem a reforma das operações planejadas de última milha e capacitam o transporte mais rápido e eficaz de pacotes, suprimentos médicos e administrações de reação a crises. Esses robôs independentes podem mudar empreendimentos como negócios baseados na web, serviços médicos e ajuda em caso de calamidade, fornecendo transporte rápido e mediante solicitação para clientes e redes necessitadas. questões e dificuldades significativas relacionadas com segurança, diretrizes e moral. As preocupações sobre a qualidade inabalável e o bem-estar das estruturas de condução independente, o potencial de acidentes e impactos, e as ramificações morais das escolhas de programação devem ser cuidadosamente abordadas para garantir que os veículos independentes sejam enviados de forma confiável e moral. Além disso, os esforços para estabelecer estruturas administrativas claras e diretrizes para testes e organização de veículos independentes são fundamentais para garantir a confiança do público nesta tecnologia crescente. Além disso, à medida que os veículos independentes se tornam mais difundidos nas nossas ruas e nos nossos céus,eles podem remodelar cenários metropolitanos e mudar a forma como planejamos e planejamos as comunidades urbanas. Os veículos independentes podem provocar mudanças no uso do solo, na estrutura de abandono e nas organizações de transporte, à medida que as áreas urbanas se ajustam para obrigar a novos métodos de versatilidade e diminuir a dependência da propriedade confidencial de veículos. Além disso, os veículos independentes podem desenvolver ainda mais a admissão ao transporte para redes mal servidas, diminuir as emanações de substâncias que destroem a camada de ozono e abrir novas portas abertas para a reviravolta financeira dos acontecimentos e para a equidade social. é mais seguro, mais eficiente e mais aberto para todos. Desde veículos e camiões autónomos até robôs independentes e robôs de transporte, a ascensão de veículos independentes está a remodelar a forma como transportamos mercadorias e indivíduos, oferecendo novas portas abertas para o desenvolvimento e perturbação no negócio dos transportes. À medida que continuamos a explorar as ruas em direção a um futuro sem condutor, mantenhamo-nos conscientes das valiosas portas abertas e das dificuldades que os veículos independentes apresentam e trabalhemos em conjunto para garantir que esta inovação extraordinária beneficie a sociedade como um todo. na propulsão, há um interesse crescente em investigar suas aplicações esperadas em diferentes áreas além do transporte, incluindo agricultura, desenvolvimento e segurança pública. Robôs independentes e robôs, equipados com sensores e cálculos de inteligência artificial, estão sendo utilizados para examinar colheitas, avaliar fundações e responder a crises em condições remotas ou perigosas. Estas estruturas independentes oferecem novas portas abertas para expandir a eficiência, reduzir custos e desenvolver ainda mais a segurança numa ampla variedade de indústrias. Além disso, os veículos independentes podem mudar a forma como consideramos a portabilidade e a disponibilidade para indivíduos com deficiências e desafios de versatilidade. Veículos autônomos e transportes independentes equipados com recursos para cadeiras de rodas e avanços de assistência oferecem oportunidades adicionais para viagens autônomas e reconciliação local para indivíduos com deficiência. Ao fornecer administrações de transporte de casa em casa, mediante solicitação, os veículos independentes podem melhorar a satisfação pessoal e a consideração social dos indivíduos com deficiências de portabilidade. Além disso, à medida que os veículos independentes se tornam mais comuns em nossas ruas e em nossas comunidades urbanas, eles estão criando enormes quantidades de informações que podem ser utilizadas para desenvolver ainda mais estruturas de transporte e preparação metropolitana.diminuir as emanações de substâncias que destroem a camada de ozônio e abrir novas portas abertas para a reviravolta financeira dos acontecimentos e para a equidade social. No final, os veículos independentes estão nos conduzindo em direção a um futuro onde o transporte será mais seguro, mais eficiente e mais aberto para todos. Desde veículos e camiões autónomos até robôs independentes e robôs de transporte, a ascensão de veículos independentes está a remodelar a forma como transportamos mercadorias e indivíduos, oferecendo novas portas abertas para o desenvolvimento e perturbação no negócio dos transportes. À medida que continuamos a explorar as ruas em direção a um futuro sem condutor, mantenhamo-nos conscientes das valiosas portas abertas e das dificuldades que os veículos independentes apresentam e trabalhemos em conjunto para garantir que esta inovação extraordinária beneficie a sociedade como um todo. na propulsão, há um interesse crescente em investigar suas aplicações esperadas em diferentes áreas além do transporte, incluindo agricultura, desenvolvimento e segurança pública. Robôs independentes e robôs, equipados com sensores e cálculos de inteligência artificial, estão sendo utilizados para examinar colheitas, avaliar fundações e responder a crises em condições remotas ou perigosas. Estas estruturas independentes oferecem novas portas abertas para expandir a eficiência, reduzir custos e desenvolver ainda mais a segurança numa ampla variedade de indústrias. Além disso, os veículos independentes podem mudar a forma como consideramos a portabilidade e a disponibilidade para indivíduos com deficiências e desafios de versatilidade. Veículos autônomos e transportes independentes equipados com recursos para cadeiras de rodas e avanços de assistência oferecem oportunidades adicionais para viagens autônomas e reconciliação local para indivíduos com deficiência. Ao fornecer administrações de transporte de casa em casa, mediante solicitação, os veículos independentes podem melhorar a satisfação pessoal e a consideração social dos indivíduos com deficiências de portabilidade. Além disso, à medida que os veículos independentes se tornam mais comuns em nossas ruas e em nossas comunidades urbanas, eles estão criando enormes quantidades de informações que podem ser utilizadas para desenvolver ainda mais estruturas de transporte e preparação metropolitana.diminuir as emanações de substâncias que destroem a camada de ozônio e abrir novas portas abertas para a reviravolta financeira dos acontecimentos e para a equidade social. No final, os veículos independentes estão nos conduzindo em direção a um futuro onde o transporte será mais seguro, mais eficiente e mais aberto para todos. Desde veículos e camiões autónomos até robôs independentes e robôs de transporte, a ascensão de veículos independentes está a remodelar a forma como transportamos mercadorias e indivíduos, oferecendo novas portas abertas para o desenvolvimento e perturbação no negócio dos transportes. À medida que continuamos a explorar as ruas em direção a um futuro sem condutor, mantenhamo-nos conscientes das valiosas portas abertas e das dificuldades que os veículos independentes apresentam e trabalhemos em conjunto para garantir que esta inovação extraordinária beneficie a sociedade como um todo. na propulsão, há um interesse crescente em investigar suas aplicações esperadas em diferentes áreas além do transporte, incluindo agricultura, desenvolvimento e segurança pública. Robôs independentes e robôs, equipados com sensores e cálculos de inteligência artificial, estão sendo utilizados para examinar colheitas, avaliar fundações e responder a crises em condições remotas ou perigosas. Estas estruturas independentes oferecem novas portas abertas para expandir a eficiência, reduzir custos e desenvolver ainda mais a segurança numa ampla variedade de indústrias. Além disso, os veículos independentes podem mudar a forma como consideramos a portabilidade e a disponibilidade para indivíduos com deficiências e desafios de versatilidade. Veículos autônomos e transportes independentes equipados com recursos para cadeiras de rodas e avanços de assistência oferecem oportunidades adicionais para viagens autônomas e reconciliação local para indivíduos com deficiência. Ao fornecer administrações de transporte de casa em casa, mediante solicitação, os veículos independentes podem melhorar a satisfação pessoal e a consideração social dos indivíduos com deficiências de portabilidade. Além disso, à medida que os veículos independentes se tornam mais comuns em nossas ruas e em nossas comunidades urbanas, eles estão criando enormes quantidades de informações que podem ser utilizadas para desenvolver ainda mais estruturas de transporte e preparação metropolitana.à medida que a inovação em veículos independentes continua a impulsionar, há um interesse crescente em investigar as suas aplicações esperadas em diferentes áreas além do transporte, incluindo agricultura, desenvolvimento e segurança pública. Robôs independentes e robôs, equipados com sensores e cálculos de inteligência artificial, estão sendo utilizados para examinar colheitas, avaliar fundações e responder a crises em condições remotas ou perigosas. Estas estruturas independentes oferecem novas portas abertas para expandir a eficiência, reduzir custos e desenvolver ainda mais a segurança numa ampla variedade de indústrias. Além disso, os veículos independentes podem mudar a forma como consideramos a portabilidade e a disponibilidade para indivíduos com deficiências e desafios de versatilidade. Veículos autônomos e transportes independentes equipados com recursos para cadeiras de rodas e avanços de assistência oferecem oportunidades adicionais para viagens autônomas e reconciliação local para indivíduos com deficiência. Ao fornecer administrações de transporte de casa em casa, mediante solicitação, os veículos independentes podem melhorar a satisfação pessoal e a consideração social dos indivíduos com deficiências de portabilidade. Além disso, à medida que os veículos independentes se tornam mais comuns em nossas ruas e em nossas comunidades urbanas, eles estão criando enormes quantidades de informações que podem ser utilizadas para desenvolver ainda mais estruturas de transporte e preparação metropolitana.à medida que a inovação em veículos independentes continua a impulsionar, há um interesse crescente em investigar as suas aplicações esperadas em diferentes áreas além do transporte, incluindo agricultura, desenvolvimento e segurança pública. Robôs independentes e robôs, equipados com sensores e cálculos de inteligência artificial, estão sendo utilizados para examinar colheitas, avaliar fundações e responder a crises em condições remotas ou perigosas. Estas estruturas independentes oferecem novas portas abertas para expandir a eficiência, reduzir custos e desenvolver ainda mais a segurança numa ampla variedade de indústrias. Além disso, os veículos independentes podem mudar a forma como consideramos a portabilidade e a disponibilidade para indivíduos com deficiências e desafios de versatilidade. Veículos autônomos e transportes independentes equipados com recursos para cadeiras de rodas e avanços de assistência oferecem oportunidades adicionais para viagens autônomas e reconciliação local para indivíduos com deficiência. Ao fornecer administrações de transporte de casa em casa, mediante solicitação, os veículos independentes podem melhorar a satisfação pessoal e a consideração social dos indivíduos com deficiências de portabilidade. Além disso, à medida que os veículos independentes se tornam mais comuns em nossas ruas e em nossas comunidades urbanas, eles estão criando enormes quantidades de informações que podem ser utilizadas para desenvolver ainda mais estruturas de transporte e preparação metropolitana.

Ao examinar a informação recolhida a partir de sensores, câmaras e diferentes fontes, os organizadores de transportes e os decisores políticos podem adquirir experiência em desenhos de tráfego, áreas de interesse de bloqueio e conduta de viagem, capacitando-os para chegar a conclusões informadas sobre empreendimentos estruturais e abordagens de transporte. Além disso, os veículos independentes podem comunicar entre si e com estruturas de base inteligentes para melhorar o fluxo de tráfego, reduzir acidentes e melhorar a eficiência geral do transporte. No entanto, da mesma forma, com qualquer inovação problemática, a recepção ampla e ampla de veículos independentes também apresenta dificuldades. e perigos potenciais que devem ser atendidos. As preocupações com a segurança, proteção e garantia da informação da rede devem ser abordadas para garantir a confiabilidade e a segurança das estruturas de veículos independentes e das informações que elas criam. Além disso, o progresso para veículos independentes pode ter sugestões para os negócios e os mercados de trabalho, especialmente para os trabalhadores em empresas, por exemplo, transportes e operações coordenadas, que podem ser desenraizados através da automação. considerado para garantir que os veículos independentes se concentrem na segurança humana e na prosperidade em todas as circunstâncias. Da mesma forma, as questões relativas ao risco e à responsabilidade em caso de acidentes ou decepções das estruturas de veículos independentes devem ser abordadas para garantir que sejam criados sistemas legítimos adequados para salvaguardar os privilégios e interesses de todas as reuniões envolvidas. futuro onde o transporte será mais seguro, mais produtivo e mais aberto para todos. Desde veículos e camiões autónomos até robôs independentes e robôs de transporte, a ascensão de veículos independentes está a remodelar a forma como transportamos mercadorias e indivíduos, oferecendo novas portas abertas para avanços e perturbações no negócio dos transportes. À medida que continuamos a explorar as ruas em direção a um futuro sem condutor, mantenhamo-nos conscientes das potenciais portas abertas e das dificuldades que os veículos independentes apresentam e trabalhemos em conjunto para garantir que esta inovação extraordinária beneficie a sociedade em geral.

Navegando pelas estradas com veículos movidos a IA

O avanço da consciência feita pelo homem (inteligência feita pelo homem) no avanço de veículos independentes mudou a forma como imaginamos o transporte. Que tal investigarmos como a inteligência artificial está moldando o futuro destino dos veículos autônomos e tornando as ruas mais seguras e produtivas? Pensamento semelhante ao humano para rotas independentes: Os especialistas do MIT criaram uma estrutura que capacita veículos sem motorista a explorar condições novas e complexas utilizando apenas guias básicos e informações visuais.

Os motoristas humanos dependem da percepção e de aparatos básicos para explorar novas ruas. Eles combinam o que veem ao seu redor com os dados do GPS. Curiosamente, os veículos sem condutor lutam contra este pensamento essencial. Eles deveriam inicialmente planejar e examinar novas ruas, o que é tedioso. A estrutura do MIT "domina" exemplos orientadores de motoristas humanos à medida que exploram uma pequena região. Ele utiliza uma câmera de vídeo e um guia simples semelhante a um GPS. Quando preparada, a estrutura tem algum controle sobre um veículo sem motorista ao longo de um percurso organizado em uma região totalmente nova, imitando o motorista humano. Da mesma forma, identifica confusões entre o seu guia e os destaques das ruas, permitindo-lhe abordar o seu percurso. Aplicações de inteligência artificial em veículos independentes: A inteligência simulada assume um papel crítico em diferentes partes de veículos independentes: Discernimento: cálculos de inteligência baseados em computador deciframe informações de sensores de câmeras, lidar, radar e diferentes sensores para descobrir o clima. Direção: a inteligência simulada auxilia os veículos na busca de opções de divisão subsequente, dadas as entradas dos sensores, condições de tráfego e contemplações de segurança. Combinação de Sensores: a inteligência baseada em computador consolida informações de vários sensores para criar uma perspectiva de longo alcance sobre os fatores ambientais. Planejamento e Limitação: a inteligência simulada auxilia na confecção e atualização de guias, além de decidir a área exata do veículo. O objetivo é realizar uma rota independente e saudável em novas condições. Por exemplo, uma estrutura preparada para conduzir num ambiente metropolitano deveria explorar facilmente regiões exuberantes que nunca viu. Segurança e Conforto: Cálculos de inteligência artificial antecipam as atividades de outros clientes de rua, garantindo colaborações seguras. Os veículos autônomos ganham constantemente com novas situações, ajustando-se às mudanças nas condições das ruas. Ao depender da inteligência artificial, os veículos independentes melhoram a segurança e fornecem uma visão de viagem agradável aos viajantes.

Capítulo 8: Mecânica Avançada e Agricultura: Desenvolvendo Proficiência e Capacidade de Suporte

Ultimamente, a tecnologia mecânica surgiu como um motor crítico do desenvolvimento da horticultura, oferecendo aos agricultores novos instrumentos e avanços para desenvolver ainda mais a eficiência, diminuir os custos de trabalho e limitar os efeitos naturais. Desde veículos de trabalho independentes e robôs até coletores mecânicos e arrancadores de ervas daninhas, a união da tecnologia mecânica ao agronegócio está mudando a forma como os rendimentos são plantados, cuidados e colhidos. Nesta seção, investigaremos o trabalho da tecnologia mecânica no agronegócio e desenvolveremos proficiência e capacidade de suporte no potencial de produção de alimentos. Na vanguarda da tecnologia mecânica na horticultura estão veículos e robôs independentes que capacitam métodos de cultivo precisos, por exemplo, cultivo com taxa de fator, aplicação designada de pesticidas e observação de rendimento. Veículos de trabalho independentes equipados com GPS e sensores podem explorar os campos com precisão, semeando sementes e aplicando adubos ou pesticidas com precisão e produtividade ideais.

Além disso, os drones equipados com câmeras e sensores podem coletar simbolismo de objetivos importantes e informações sobre colheitas, condições do solo e variabilidade do campo, capacitando os fazendeiros a chegarem a conclusões informadas sobre o sistema de água, a preparação e o incômodo dos executivos. Além disso, a mecânica avançada está reformando a colheita e cuidando dos ciclos, possibilitando uma colheita mais rápida e eficiente com menores necessidades de trabalho. Coletores automatizados equipados com estruturas de visão e braços mecânicos podem coletar especificamente produtos prontos do solo com precisão, limitando o desperdício e aumentando o rendimento. Além disso, estruturas mecânicas para organizar, avaliar e pressionar os rendimentos capacitam os fazendeiros a processar e agrupar os produtos colhidos de forma rápida e eficaz, diminuindo os infortúnios pós-colheita e desenvolvendo ainda mais a qualidade dos produtos e o período de usabilidade. Além disso, a tecnologia mecânica está sendo utilizada para resolver deficiências de trabalho e custos crescentes de trabalho na horticultura, por meio da robotização de tarefas enfadonhas e realmente exigentes, como capinar, podar e diminuir. Capinadores mecânicos equipados com câmeras e cálculos de inteligência feitos pelo homem podem distinguir e eliminar ervas daninhas com precisão, diminuindo a necessidade de herbicidas compostos e trabalho físico. Essencialmente, as estruturas de poda mecânica podem gerir plantas e árvores com precisão, avançando na criação de produtos naturais e diminuindo os custos de trabalho para os cultivadores. Além disso, a inovação em mecânica avançada está capacitando a melhoria de estruturas de cultivo indoor, como fazendas verticais e viveiros de cultivo em tanques, onde as colheitas são realizadas em condições controladas, sob iluminação falsa e estruturas de controle ambiental. Robôs independentes e estruturas de transporte são utilizados para mover e supervisionar as plantas durante todo o sistema de desenvolvimento, desde a geração das mudas até a coleta e agrupamento.

Essas estruturas de cultivo interno oferecem benefícios, por exemplo, criação durante todo o ano, maiores rendimentos de colheita e menor utilização de água e pesticidas, em comparação com os métodos habituais de cultivo ao ar livre. e dificuldades ligadas ao acolhimento, orientações e ramificações culturais. As preocupações sobre o custo e a abertura da inovação em mecânica avançada para agricultores familiares e de âmbito limitado, bem como o potencial de remoção de trabalho nas redes provinciais, devem ser cuidadosamente consideradas para garantir que as vantagens da mecânica avançada na agricultura sejam disseminadas de forma imparcial. Além disso, os esforços para abordar contemplações morais e naturais, como a utilização de pesticidas e a concepção hereditária relacionada com a mecânica avançada, são fundamentais para o avanço de práticas de cultivo sustentáveis e fiáveis. No final, a mecânica avançada está a mudar a horticultura, oferecendo aos agricultores novos dispositivos e inovações para desenvolver ainda mais a eficácia, eficiência e capacidade de gerenciamento na criação de alimentos. Desde veículos independentes e robôs para cultivo de precisão até coletores automatizados e estruturas de cultivo interno, a combinação de mecânica avançada na horticultura está mudando a forma como os rendimentos são desenvolvidos, colhidos e vencidos. À medida que continuamos dominando a força da mecânica avançada na horticultura, vamos continuar focados no avanço de ensaios de cultivo abrangentes e sustentáveis que beneficiem tanto os fazendeiros, os compradores e o clima. investigando as suas possíveis aplicações na abordagem dos desafios mundiais de segurança alimentar e na garantia do acesso a uma alimentação nutritiva e razoável para todos. Arranjos baseados em tecnologia mecânica, como fazendas verticais computadorizadas, estruturas de aquicultura e estruturas aquapônicas, oferecem portas abertas para a criação de alimentos durante todo o ano em regiões metropolitanas e perimetropolitanas, diminuindo a dependência da agricultura habitual e expandindo a versatilidade alimentar da vizinhança. Além disso, a inovação mecânica avançada pode assumir um papel urgente na melhoria da eficiência e flexibilidade rurais, apesar das mudanças ambientais, capacitando os agricultores para se adaptarem às mudanças nas circunstâncias naturais e aliviarem os efeitos de eventos climáticos ultrajantes. horticultura, capacitando os fazendeiros a coletar e dissecar enormes quantidades de informações de sensores, drones e diferentes fontes para melhorar a fazenda que os executivos ensaiam e desenvolver ainda mais o rendimento das colheitas. Ao utilizar cálculos de IA e investigação presciente, os pecuaristas podem adquirir experiências sobre o bem-estar das culturas, a riqueza do solo e as condições climáticas, capacitando-os a chegar a conclusões informadas sobre o plantio, os sistemas hídricos e o incômodo dos executivos. Além disso, a inovação em mecânica avançada pode capacitar os pecuaristas a executar estratégias precisas de agronegócio, por exemplo, colheita explícita no local pelos executivos e aplicação de taxa variável, melhorando o uso de ativos e limitando o impacto ecológico. Além disso, a tecnologia mecânica está impulsionando o avanço no trabalho agrícola inovador, capacitando pesquisadores e cientistas promover novas variedades de colheitas, procedimentos de criação e práticas agronómicas para desenvolver ainda mais a força das culturas, a qualidade nutritiva e o rendimento. A mecânica avançada fortaleceu os estágios de fenotipagem, por exemplo, capacitando os cientistas a examinar e avaliar rapidamente um grande número de características das plantas, ajudando a acelerar o cultivo das colheitas com maior resiliência à estação seca, resistência a doenças e substância saudável.

Além disso, estruturas automatizadas para reprodução de plantas e propostas de design hereditário abrem portas para o controle exato e designado dos genomas das plantas para melhorar as qualidades e atributos desejados. Além disso, a inovação em mecânica avançada está cultivando a cooperação e o comércio de informações entre fazendeiros, especialistas e parceiros industriais, por meio de iniciativas como estágios de mecânica avançada de código aberto, espaços de produtores e organizações de exame cooperativas. Ao compartilhar ativos, aptidões e melhores práticas, os parceiros podem acelerar o desenrolar dos acontecimentos e a recepção de inovações em mecânica avançada no agronegócio e lidar com provocações e obstáculos normais à execução. Além disso, os esforços para avançar na construção de limites e no movimento de inovação no ensino e treinamento de mecânica avançada são fundamentais para preparar fazendeiros e especialistas em horticultura com as habilidades e informações necessárias para dominar a capacidade da mecânica avançada na agricultura. , a ampla recepção da mecânica avançada no agronegócio também apresenta dificuldades e perigos potenciais que devem ser atendidos. As preocupações com a proteção e segurança da informação, as liberdades de inovação licenciadas e a consistência administrativa devem ser cuidadosamente consideradas para garantir que os pecuaristas e parceiros sejam salvaguardados e que a inovação em mecânica avançada seja enviada de forma confiável e moral. Além disso, os esforços para abordar a separação avançada e garantir a admissão justa à inovação da tecnologia mecânica para os pecuaristas em nações emergentes e redes subestimadas são fundamentais para o avanço do desenvolvimento hortícola abrangente e económico. No final, a tecnologia mecânica está a mudar o agronegócio, oferecendo aos pecuaristas novos aparelhos e avanços. para desenvolver ainda mais a eficiência, capacidade de gerenciamento e flexibilidade na criação de alimentos. Desde o cultivo preciso e a produção de decisões orientada pela informação até à exploração inventiva e ao esforço coordenado, a união da tecnologia mecânica com o agronegócio está a mudar a forma como desenvolvemos, colhemos e supervisionamos as colheitas. À medida que continuamos a equipar a força da tecnologia mecânica no agronegócio,vamos continuar focados em desenvolver práticas de cultivo abrangentes e sustentáveis que beneficiem os fazendeiros, os compradores e o clima.

O Cultivo de Precisão e a Transformação Rural

Impulsionando a Diferença Modernizada no Agronegócio e Locais Comuns: A Comissão Europeia para o Agronegócio destacou o significado das mudanças de ponta nas áreas de cultivo e nacionais. Os actuais desenvolvimentos em matéria de informação e correspondência (TIC) desempenham um papel fundamental ao permitir que os agricultores trabalhem de forma ainda mais inequívoca, competente e financeiramente.

Esses avanços também fazem parceria com criadores e clientes de novas maneiras, oferecendo opções mais visíveis e diretas. Independentemente disso, os distritos comuns na Europa e na Ásia Central enfrentam movimentos no sentido de abraçar novos avanços devido à estrutura frágil, moderação, falta de atendimento, capacidades electrónicas e questões de autoridade. Para resolver esta questão, o Escritório Regional da FAO para a Europa e Ásia Central moldou uma ampla ação local que se espera organizar a ciência, a melhoria e as abordagens mecanizadas. Factores impulsionadores da mudança rural: A mudança natural lembra as mudanças nas ocupações, no uso da terra e nas associações entre distritos metropolitanos e comuns. Os principais objectivos primários incorporam Factores Naturais: Estes afectam mudanças familiares directas e flexíveis, impulsionando ocupações rurais e mudanças no uso da terra a partir de 1980. Trabalhos Empreendimentos Terrestres: A troca destes pontos de vista impulsiona a melhoria das associações nacionais metropolitanas. Fragilidade dos recursos e execução relacionada ao dinheiro: Os pesquisadores perceberam uma associação causal unidirecional entre a instabilidade dos recursos e a execução monetária. Isto realça o significado de supervisionar os recursos realmente para um desenvolvimento útil. Desafios comuns das mudanças metropolitanas: Os processos rápidos de mudanças metropolitanas nos países têm impacto nos fluxos de matéria, nas tarefas de recursos e no funcionamento da estrutura natural. As mudanças nas pessoas espalhadas pela vertente metropolitana do país esperam um papel fundamental no enquadramento desses movimentos.

Capítulo 9: Robótica na Resposta a Desastres: Melhorando a Segurança e as Operações de Resgate

Apesar de eventos catastróficos, contratempos e crises, a tecnologia mecânica surgiu como um dispositivo básico para melhorar a segurança e a proficiência em tarefas de salvamento e reação a calamidades. Desde robôs de busca e salvamento e veículos voadores automatizados (UAVs) até veículos de trabalho remoto (ROVs) e robôs independentes, a inovação em mecânica avançada está reformando a forma como as equipes de resposta a crises avaliam os danos, encontram sobreviventes e transmitem ajuda em regiões afetadas por calamidades. Nesta seção, investigaremos o trabalho da mecânica avançada em uma reação de fiasco e seu efeito na melhoria das operações de segurança e salvamento. Na frente da tecnologia mecânica em reações de calamidade estão robôs de busca e salvamento equipados com sensores, câmeras e estruturas de correspondência que capacitá-los a explorar condições perigosas e encontrar sobreviventes presos em escombros, lixo ou estruturas caídas. Esses robôs podem chegar a espaços confinados, designs instáveis e outras regiões que são bloqueadas ou excessivamente arriscadas para heróis humanos, proporcionando atenção situacional contínua e trabalhando na proficiência e adequação das operações de busca e salvamento. Além disso, veículos etéreos automatizados (UAVs) e drones estão sendo usados para visualizar regiões afetadas pelo desastre de um lugar mais alto, fornecendo simbolismo de vôo, planejamento 3D e dados de imagens quentes para ajudar os respondentes a crises no levantamento de danos, distinguir perigos e focar em esforços de salvamento. Drones equipados com câmeras e sensores de alto desempenho podem visualizar de forma rápida e eficiente grandes áreas de terra, oceano ou condições metropolitanas, capacitando os socorristas a distinguir os sobreviventes, avaliar os danos às fundações e planejar rotas de partida em tempo real.) e veículos submersos independentes (AUV) são enviados em situações de reação a calamidades, por exemplo, acidentes marítimos, marés negras e tarefas de busca e salvamento submersas. Esses robôs submersos podem explorar condições submersas, examinar projetos rebaixados e coletar informações e testes do fundo do mar, proporcionando experiências importantes sobre o grau de dano e efeito ecológico e iluminando a produção de decisões por equipes de resposta a crises e agências naturais. capacitando o desenvolvimento de exoesqueletos automatizados e dispositivos vestíveis que melhoram a força, perseverança e portabilidade de especialistas de plantão em situações de infortúnio. Essas estruturas mecânicas avançadas vestíveis podem ajudar bombeiros, paramédicos e outros professores de crise a transportar cargas pesadas, explorar territórios desagradáveis e executar tarefas de solicitação, diminuindo o risco de lesões e cansaço e capacitando os socorristas para trabalharem ainda mais em ambientes de teste. , a tecnologia mecânica está trabalhando com correspondência e coordenação entre equipes de resposta a crises e organizações que utilizam veículos terrestres automatizados (UGVs) e robôs portáteis equipados com capacidades de correspondência e administração de sistemas.Esses robôs podem atuar como centros de correspondência portáteis, transferindo mensagens, enviando informações e planejando esforços de reação em regiões com bases de correspondência restritas ou perturbadas. Além disso, robôs equipados com suprimentos médicos, água e outros bens fundamentais podem levar ajuda a áreas remotas ou de difícil acesso, prestando ajuda aos sobreviventes e aliviando o peso dos serviços de crise destruídos. também traz à tona questões e dificuldades significativas relacionadas à moral, segurança e responsabilidade em tarefas de reação ao infortúnio. As preocupações sobre a utilização moral da mecânica avançada, incluindo questões como a protecção da informação, o reconhecimento e o potencial de efeitos secundários invisíveis, devem ser cuidadosamente consideradas para garantir que a inovação da mecânica avançada seja enviada de forma competente e moral em circunstâncias de catástrofe. Além disso, os esforços para estabelecer regras e convenções claras para a utilização de mecânica avançada na reação a infortúnios, bem como preparar e limitar o trabalho para quem responde a crises, são fundamentais para garantir que a inovação em mecânica avançada seja coordenada com sucesso em situações de crise. resultados positivos para os sobreviventes e as redes afectadas por catástrofes. No final, a mecânica avançada está a alterar as reacções desastrosas, proporcionando às equipas de resposta a crises novos aparatos e avanços para melhorar a segurança, a proficiência e a viabilidade nas tarefas de salvamento. Desde robôs de busca e salvamento até veículos submersos e dispositivos portáteis, a inovação em mecânica avançada está a mudar a forma como nos preparamos e respondemos a calamidades, salvando vidas e aliviando o efeito de crises nas redes de todo o planeta. À medida que continuamos a equipar a força da mecânica avançada na reação a catástrofes, mantenhamo-nos concentrados no avanço da utilização moral e confiável da inovação e em garantir que a inovação da tecnologia mecânica ajude todos os indivíduos, especialmente aqueles geralmente impotentes contra calamidades e emergências. a inovação continua a desenvolver-se, há um interesse crescente em investigar as suas prováveis aplicações no desenvolvimento da preparação para fiasco e da flexibilidade em redes fracas. Estruturas baseadas em tecnologia mecânica, por exemplo, estruturas de notificação antecipada, organizações de verificação de inundações e estruturas de localização de avalanches oferecem portas abertas para reconhecimento e reação precoces a perigos normais, capacitando as redes a fazerem esforços proativos para diminuir o risco e moderar o efeito das calamidades . Além disso, a inovação em mecânica avançada pode funcionar com esforços locais de prontidão e reação a desastres baseados na área, capacitando os ocupantes do bairro com as informações e os aparatos de que necessitam para responder de fato às crises e proteger a si mesmos e às suas comunidades.A Advanced Mecânica está trabalhando com esforço global coordenado e colaboração na reação a catástrofes por meio de iniciativas como a Rivalidade Mundial de

Tecnologia Mecânica para Robôs de Salvamento (RoboCup Salvage) e o Desafio de Tecnologia Mecânica DARPA. Essas rivalidades unem grupos de especialistas, arquitetos e respondedores de crises de todo o mundo para criar e testar estruturas mecânicas para situações de reação a catástrofes, como terremotos, incêndios violentos e acidentes atômicos. Ao cultivar o esforço coordenado e o comércio de informações entre parceiros, estes concursos aceleram o desenrolar dos eventos e a organização da inovação em mecânica avançada na reação a calamidades e contribuem para resultados mais desenvolvidos para sobreviventes e redes afetadas por fiascos. Além disso, a inovação em mecânica avançada está a ser coordenada em atividades de preparação e reprodução de reações a calamidades para melhorar a prontidão e as capacidades dos agentes de resposta a crises. As reconstituições de realidade gerada por computador (VR) e de realidade expandida (AR) capacitam os respondentes a ensaiar e refinar suas habilidades em situações razoáveis de fiasco, trabalhando em sua capacidade de explorar com sucesso condições complexas, conversar com colegas e decidir sobre escolhas sob tensão. Ao proporcionar encontros de preparação vívidos e intuitivos, a mecânica avançada capacitou reproduções para ajudar os respondentes a crises a construir certeza e habilidade em tarefas de reação a infortúnios, trabalhando finalmente em seu status para responder a emergências verdadeiras. -estruturas independentes para fatores coordenados de reação a calamidades e rede de produção para os executivos. Veículos terrestres automatizados (UGVs) e robôs aeronáuticos equipados com estruturas de transporte de carga podem transportar suprimentos fundamentais como alimentos, água, suprimentos médicos e materiais de casas seguras para regiões afetadas por calamidades, mesmo em áreas remotas ou de difícil acesso. Estas estruturas de operações mecânicas permitem a transmissão rápida e produtiva de ajuda aos sobreviventes e às populações desenraizadas, diminuindo a dependência das cadeias de armazenamento convencionais e trabalhando na praticidade e adequação dos esforços de reação a calamidades. em uma reação de fiasco também apresenta dificuldades e perigos potenciais que devem ser atendidos. As preocupações com a interoperabilidade, normalização e semelhança entre várias estruturas e estágios mecânicos devem ser abordadas para garantir combinação e coordenação consistentes em atividades de reação a desastres multiorganizacionais. Além disso, os esforços para abordar contemplações morais e legais, como responsabilidade e responsabilidade por atividades mecânicas em circunstâncias de calamidade, são fundamentais para promover a utilização capaz e moral da inovação em mecânica avançada na gestão de crises.a mecânica avançada está a mudar as reações às catástrofes, fornecendo às equipas de resposta a crises novos aparatos e inovações para melhorar a segurança, a produtividade e a adequação nas tarefas de salvamento. De robôs e robôs de busca e salvamento a estruturas de estratégias e preparação de reconstituições, a inovação em mecânica avançada está mudando a forma como planejamos e respondemos a calamidades, salvando vidas e aliviando o efeito de crises em redes em todo o planeta. À medida que continuamos a refrear a força da mecânica avançada numa reacção de fiasco, mantenhamo-nos concentrados no avanço do esforço conjunto, no desenvolvimento e na utilização capaz da inovação para fabricar redes versáteis e viáveis que possam resistir e recuperar de catástrofes e crises.

Implantando Robôs em Situações de Emergência

Os robôs assumem um papel crítico em situações de reação a crises, auxiliando os especialistas de plantão na exploração de condições perigosas e no alívio de oportunidades. Aqui estão algumas maneiras pelas quais os robôs são transportados em circunstâncias de crise: Atividades de busca e salvamento: os robôs podem explorar lixo, projetos instáveis e outras regiões de risco para procurar sobreviventes após catástrofes como tremores sísmicos ou quebras de edifícios. Eles fornecem filmes aeronáuticos básicos e atenção situacional, ajudando os socorristas a avaliar rapidamente o que está acontecendo e dando orientação. Cuidados com materiais inseguros: Os robôs podem lidar com substâncias perigosas, como materiais sintéticos venenosos ou materiais radioativos, diminuindo o risco para os socorristas humanos. Eles podem entrar em regiões onde é arriscado para as pessoas, limitando as possibilidades de ferimentos ou danos. Detecção remota e classificação de informações: Robôs etéreos e robôs terrestres coletam informações de regiões atingidas por catástrofes, auxiliando os socorristas na busca de escolhas informadas. Eles capturam fotos, gravações e informações de sensores, fornecendo informações significativas para criser os executivos. Correspondência e Coordenação: Os robôs podem estabelecer redes de correspondência em regiões com estruturas perturbadas. Transferem dados entre os respondentes, desenvolvendo ainda mais a coordenação durante as crises. Investigação de Fundação e Avaliação de Danos: Os robôs examinam o estado de estruturas, vãos e diferentes projetos após desastres. Eles distinguem danos primários, derramamentos ou outros perigos, permitindo que os respondentes se concentrem em seus esforços. Operações e apoio: Os robôs ajudam com pontos coordenados, envio de suprimentos, hardware clínico e outros itens básicos para regiões afetadas. Eles liberaram socorristas humanos para se concentrarem em tarefas básicas enquanto cuidavam das operações de rotina.

Capítulo 10: A Moral da Mecânica Avançada: Tendendo às Ramificações Morais e Sociais

À medida que a tecnologia mecânica e as inovações da capacidade intelectual criada pelo homem (inteligência baseada no computador) continuam a progredir rapidamente, as investigações relativas às suas ramificações morais tornaram-se progressivamente inequívocas. Desde preocupações com o deslocamento do trabalho e predisposição algorítmica até questões de segurança, responsabilidade e independência, os elementos morais da mecânica avançada são desconcertantes e complexos. Nesta seção, investigaremos as dificuldades e problemas morais apresentados pela tecnologia mecânica e pela inteligência artificial, e examinaremos os sistemas para enfrentá-los, a fim de promover uma reviravolta confiável e moral nos acontecimentos e no envio dessas tecnologias. a tecnologia mecânica e a inteligência baseada em computadores é o tema do que esses avanços significarão para a cultura humana e a prosperidade individual.

À medida que a mecanização substitui o trabalho humano em diferentes empresas, as preocupações com a deslocação do trabalho, a disparidade financeira e a perturbação social tornaram-se mais articuladas. Além disso, o potencial dos cálculos simulados de inteligência para propagar ou agravar predisposições e separações existentes, especialmente em regiões, por exemplo, recrutamento, empréstimos e aplicação da lei, levanta questões significativas sobre razoabilidade, equidade e valor na utilização de sistemas baseados em computador. quadros de inteligência. Além disso, a crescente integração da mecânica avançada e da inteligência artificial na existência quotidiana normal levanta preocupações sobre a segurança, o reconhecimento e a desintegração da independência individual. À medida que dispositivos astutos e estruturas independentes reúnem e investigam imensas quantidades de informações individuais, as questões relativas ao consentimento, à propriedade da informação e à simplicidade algorítmica tornam-se fundamentais. Além disso, a utilização de estruturas de observação alimentadas por inteligência baseadas em computador em espaços abertos levanta preocupações sobre liberdades comuns, liberdades comuns e o potencial de uso indevido ou abuso desses avanços por administrações estatais e outros atores. como veículos autônomos, drones e armas mecânicas traz à tona questões morais significativas sobre responsabilidade, obrigação e atribuição de posições dinâmicas às máquinas. À medida que estruturas independentes estabelecem escolhas continuamente sem intercessão humana, as questões relativas à organização moral, ao risco e à parcela de responsabilidade relativa aos resultados das suas actividades tornam-se progressivamente complexas. Além disso, o potencial de estruturas independentes infligirem danos ou efeitos colaterais invisíveis, seja por meio de falhas, erros ou abusos propositais, levanta contemplações morais significativas sobre perigo, segurança e o plano moral e as diretrizes da inteligência artificial e dos sistemas de tecnologia mecânica. , à medida que lutamos com estas dificuldades morais, é fundamental perceber as prováveis vantagens da mecânica avançada e da inteligência criada pelo homem na tentativa de esmagar as dificuldades culturais e impulsionar a assistência governamental humana. Desde o desenvolvimento adicional dos resultados dos cuidados médicos e a melhoria da abertura para indivíduos com deficiência até a tendência às mudanças ambientais e o avanço da mudança sustentável dos acontecimentos, a tecnologia mecânica e a inteligência artificial oferecem portas abertas para o avanço e o avanço que podem trabalhar na satisfação pessoal de todos os indivíduos. sobre o planeta.

Além disso, os esforços para abordar os componentes morais da mecânica avançada e da inteligência simulada exigem esforço coordenado e compromisso entre numerosos parceiros, incluindo decisores políticos, analistas, pioneiros da indústria e associações da sociedade comum. Ao cultivar o discurso, a franqueza e a responsabilidade no desenrolar dos acontecimentos e ao enviar tecnologia mecânica e avanços de inteligência baseados em computadores, podemos garantir que estes avanços estão alinhados com as qualidades humanas e contribuem para o benefício de todos. Além disso, os esforços para promover a variedade, a incorporação e o valor no desenrolar dos acontecimentos e a utilização da tecnologia mecânica e da inteligência artificial são fundamentais para tender à predisposição e à separação e garantir que essas inovações beneficiem todos os indivíduos da sociedade. as dificuldades morais apresentadas pela mecânica avançada e pela inteligência criada pelo homem são incompreensíveis e multifacetadas, exigindo uma reflexão cautelosa e uma consideração inteligente por parte de todos os parceiros. Desde preocupações com a desalojamento do trabalho e predisposição algorítmica até questões de segurança, responsabilidade e independência, os elementos morais da mecânica avançada e da inteligência artificial são fundamentais para o rumo dos acontecimentos e para a organização. Ao lidar com essas dificuldades com retidão, franqueza e garantia das qualidades humanas, podemos garantir que a tecnologia mecânica e as inovações de inteligência simulada contribuam para um futuro ainda mais imparcial e sustentável para todos. reviravolta capaz e moral dos acontecimentos, organização e utilização desses avanços. Os órgãos administrativos e os decisores políticos assumem um papel essencial na definição de regras e normas para o plano moral e a actividade da tecnologia mecânica e dos quadros de inteligência criados pelo homem, bem como na observação da consistência e na implementação da responsabilidade. Além disso, a participação e a cooperação mundial são fundamentais para orquestrar diretrizes e padrões além-fronteiras e promover princípios mundiais para a utilização moral da tecnologia mecânica e da IA. Além disso, os esforços para promover as contemplações morais na tecnologia mecânica e na inteligência artificial devem ser coordenados na escolarização e na preparação de programas. para designers, engenheiros e diversos especialistas envolvidos no planejamento e execução desses avanços. Ao integrar o treinamento moral nos planos educacionais STEM e nos programas de avanço especializado, podemos garantir que as pessoas no futuro dos tecnólogos sejam equipadas com as informações e habilidades necessárias para explorar as complexidades morais da tecnologia mecânica e da inteligência artificial e decidir por escolhas informadas. que se concentram na assistência e no bem-estar do governo humano.cultivar a consciência pública e o compromisso com as ramificações morais da tecnologia mecânica e da inteligência artificial é fundamental para construir confiança e promover a gestão competente destas inovações. O intercâmbio público, o interesse dos residentes e o compromisso dos parceiros podem ajudar a trazer à luz questões sobre os perigos e vantagens esperados da tecnologia mecânica e da inteligência simulada, bem como permitir que as pessoas e as redes defendam a utilização moral e responsável destas inovações. Além disso, os esforços para promover a franqueza e a receptividade no desenrolar dos acontecimentos e no envio de tecnologia mecânica e inteligência artificial podem ajudar a construir a confiança do público nestas tecnologias. Além disso, a exploração interdisciplinar e o esforço conjunto são fundamentais para impulsionar a compreensão, podemos interpretar a moral componentes da tecnologia mecânica e da inteligência artificial e criam procedimentos para lidar com dificuldades e questões morais. Ao unir especialistas de diferentes áreas, como modo de pensar, moral, regulamentação, ciências sociais e engenharia de software, podemos encorajar o discurso interdisciplinar e o esforço coordenado que melhoram a forma como podemos interpretar as ramificações morais da tecnologia mecânica e da inteligência artificial e iluminam moralmente direção independente e desenvolvimento de estratégia. Em última análise, cuidar das ramificações morais da mecânica avançada e da inteligência simulada requer uma abordagem abrangente e multifacetada que incorpore avanço inovador, supervisão administrativa, instrução e preparação, compromisso público e exploração interdisciplinar. Ao cooperar para resolver as dificuldades e dificuldades morais apresentadas pela tecnologia mecânica e pela inteligência artificial, podemos garantir que estes avanços contribuem para um futuro ainda mais justo e razoável para todos. são significativas e expansivas, abordando questões básicas sobre qualidades, liberdades e obrigações humanas num mundo inegavelmente robotizado e interligado. Ao lidar com essas dificuldades com confiabilidade, franqueza e uma garantia de assistência governamental humana, podemos enfrentar a extraordinária capacidade da tecnologia mecânica e da inteligência baseada em computador para tornar um futuro moralmente sólido, social e economicamente terrestre por um longo tempo. futuro.os esforços para promover a franqueza e a receptividade na virada dos acontecimentos e o envio de tecnologia mecânica e inteligência artificial podem ajudar a construir a confiança do público nessas tecnologias. Além disso, a exploração interdisciplinar e o esforço conjunto são fundamentais para impulsionar a compreensão, podemos interpretar os componentes morais de tecnologia mecânica e inteligência artificial e criar procedimentos para lidar com dificuldades e questões morais. Ao unir especialistas de diferentes áreas, como modo de pensar, moral, regulamentação, ciências sociais e engenharia de software, podemos encorajar o discurso interdisciplinar e o esforço coordenado que melhoram a forma como podemos interpretar as ramificações morais da tecnologia mecânica e da inteligência artificial e iluminam moralmente direção independente e desenvolvimento de estratégia. Em última análise, cuidar das ramificações morais da mecânica avançada e da inteligência simulada requer uma abordagem abrangente e multifacetada que incorpore avanço inovador, supervisão administrativa, instrução e preparação, compromisso público e exploração interdisciplinar. Ao cooperar para resolver as dificuldades e dificuldades morais apresentadas pela tecnologia mecânica e pela inteligência artificial, podemos garantir que estes avanços contribuem para um futuro ainda mais justo e razoável para todos. são significativas e expansivas, abordando questões básicas sobre qualidades, liberdades e obrigações humanas num mundo inegavelmente robotizado e interligado. Ao lidar com essas dificuldades com confiabilidade, franqueza e uma garantia de assistência governamental humana, podemos enfrentar a extraordinária capacidade da tecnologia mecânica e da inteligência baseada em computador para tornar um futuro moralmente sólido, social e economicamente terrestre por um longo tempo. futuro.os esforços para promover a franqueza e a receptividade na virada dos acontecimentos e o envio de tecnologia mecânica e inteligência artificial podem ajudar a construir a confiança do público nessas tecnologias. Além disso, a exploração interdisciplinar e o esforço conjunto são fundamentais para impulsionar a compreensão, podemos interpretar os componentes morais de tecnologia mecânica e inteligência artificial e criar procedimentos para lidar com dificuldades e questões morais. Ao unir especialistas de diferentes áreas, como modo de pensar, moral, regulamentação, ciências sociais e engenharia de software, podemos encorajar o discurso interdisciplinar e o esforço coordenado que melhoram a forma como podemos interpretar as ramificações morais da tecnologia mecânica e da inteligência artificial e iluminam moralmente direção independente e desenvolvimento de estratégia. Em última análise, cuidar das ramificações morais da mecânica avançada e da inteligência simulada requer uma abordagem abrangente e multifacetada que incorpore avanço inovador, supervisão administrativa, instrução e preparação, compromisso público e exploração interdisciplinar. Ao cooperar para resolver as dificuldades e dificuldades morais apresentadas pela tecnologia mecânica e pela inteligência artificial, podemos garantir que estes avanços contribuem para um futuro ainda mais justo e razoável para todos. são significativas e expansivas, abordando questões básicas sobre qualidades, liberdades e obrigações humanas num mundo inegavelmente robotizado e interligado. Ao lidar com essas dificuldades com confiabilidade, franqueza e uma garantia de assistência governamental humana, podemos enfrentar a extraordinária capacidade da tecnologia mecânica e da inteligência baseada em computador para tornar um futuro moralmente sólido, social e economicamente terrestre por um longo tempo. futuro.Ao cooperar para resolver as dificuldades e dificuldades morais apresentadas pela tecnologia mecânica e pela inteligência artificial, podemos garantir que estes avanços contribuem para um futuro ainda mais justo e razoável para todos. são significativas e expansivas, abordando questões básicas sobre qualidades, liberdades e obrigações humanas num mundo inegavelmente robotizado e interligado. Ao lidar com essas dificuldades com confiabilidade, franqueza e uma garantia de assistência governamental humana, podemos enfrentar a extraordinária capacidade da tecnologia mecânica e da inteligência baseada em computador para tornar um futuro moralmente sólido, social e economicamente terrestre por um longo tempo. futuro.Ao cooperar para resolver as dificuldades e dificuldades morais apresentadas pela tecnologia mecânica e pela inteligência artificial, podemos garantir que estes avanços contribuem para um futuro ainda mais justo e razoável para todos. são significativas e expansivas, abordando questões básicas sobre qualidades, liberdades e obrigações humanas num mundo inegavelmente robotizado e interligado. Ao lidar com essas dificuldades com confiabilidade, franqueza e uma garantia de assistência governamental humana, podemos enfrentar a extraordinária capacidade da tecnologia mecânica e da inteligência baseada em computador para tornar um futuro moralmente sólido, social e economicamente terrestre por um longo tempo. futuro.

Equilibrando Inovação com Responsabilidade

Para encontrar um equilíbrio entre inovação e responsabilidade na robótica, considerações éticas devem ser levadas em consideração em todas as fases de desenvolvimento e implementação. Design Ético: Ao projetar um sistema robótico, considerações éticas devem ser levadas em consideração. É necessário empregar desenvolvedores que sejam morais e capazes de incorporar responsabilidade às tecnologias robóticas. Controlo versus liberdade: À medida que os robôs se tornam mais independentes, é essencial estabelecer diretrizes e mecanismos de controlo claros para garantir a tomada de decisões éticas e evitar a utilização indevida. Privacidade e segurança de dados Os robôs coletam muitos dados, por isso privacidade e segurança são importantes. Isto inclui discutir as implicações éticas dos sistemas robóticos que manipulam dados. Atribuição de Responsabilidades: Os procedimentos de delegação de responsabilidades devem ser seguidos por todas as partes envolvidas na criação e operação de um robô. Como resultado, a coerência moral e a responsabilidade são mantidas. A robótica ética promove um comportamento responsável e enfatiza o bem-estar dos trabalhadores. Isto inclui ter em conta as implicações laborais das pessoas cujos empregos envolvem a interação com robôs. Transparência e eliminação de preconceitos: Para garantir que as tecnologias robóticas sejam equitativas e não agravem a situação, é necessário tomar medidas para reduzir o preconceito e a transparência na aplicação de inteligência artificial aos robôs. O objetivo final é garantir que as tecnologias robóticas sejam desenvolvidas e utilizadas de forma a melhorar as nossas vidas, a nossa segurança e a sociedade como um todo. Você pode ler os artigos sobre esses tópicos para obter informações mais aprofundadas.

Capítulo 11: Os efeitos dos robôs no emprego, na dinâmica do trabalho e da força de trabalho

As discussões sobre o futuro do trabalho e o impacto potencial no emprego e na dinâmica da força de trabalho surgiram como resultado da incorporação da robótica e da automação em vários setores. A natureza dos empregos e as competências necessárias para o sucesso na força de trabalho estão a ser transformadas pela tecnologia robótica em indústrias tão diversas como a produção, a logística, a saúde e os serviços. Uma das principais preocupações em torno da ascensão da robótica é o potencial de deslocamento de empregos e mudanças na composição da força de trabalho. Neste capítulo, investigaremos as implicações da robótica no emprego, na dinâmica da força de trabalho e nas estratégias para navegar no cenário mutável do trabalho na era da automação. Os trabalhadores cujos empregos são suscetíveis à automação correm o risco de perder os seus empregos à medida que tarefas rotineiras e repetitivas são substituídas pela automação nas indústrias de produção e montagem. Além disso, os avanços na tecnologia robótica, como a criação de sistemas alimentados por IA e robôs autónomos, podem ter um impacto em profissões de colarinho branco, como trabalho administrativo, introdução de dados e atendimento ao cliente, além dos empregos tradicionais de colarinho azul. Por outro lado, embora a tecnologia robótica possa resultar na perda de alguns empregos, também abre novas oportunidades de emprego e de expansão económica. Novos empregos em áreas como desenvolvimento de software, análise de dados, integração de sistemas, manutenção e reparo robótico e automação podem surgir como resultado de seu uso. Além disso, há uma demanda crescente por trabalhadores qualificados que sejam capazes de projetar, operar e gerenciar sistemas robóticos, bem como interpretar dados gerados por esses sistemas. Além disso, a tecnologia da robótica tem potencial para aumentar a produtividade, a eficiência e a competitividade nas indústrias que implementam a automação, o que resultaria num aumento global do emprego e na expansão económica. A tecnologia robótica pode libertar os trabalhadores humanos para se concentrarem em tarefas de maior valor que requerem criatividade, pensamento crítico e capacidade de resolução de problemas, automatizando tarefas rotineiras e repetitivas. Além disso, a tecnologia robótica está a impulsionar a evolução da dinâmica da força de trabalho e a remodelar as competências necessárias para o sucesso no mercado de trabalho do século XXI. Os sistemas habilitados para robôs, como os robôs colaborativos (cobots), podem aprimorar as capacidades humanas e aumentar a segurança no local de trabalho, auxiliando os trabalhadores em tarefas fisicamente exigentes e reduzindo o risco de lesões e acidentes. Há uma procura crescente de investimentos em programas de educação e formação que dotem os indivíduos com as aptidões e competências necessárias para prosperar numa economia impulsionada pela tecnologia, à medida que cresce a procura de trabalhadores com competências técnicas em robótica, programação e análise de dados. À medida que a automação altera a natureza do trabalho e a forma como colaboramos e interagimos com máquinas e sistemas de IA, competências interpessoais como adaptabilidade, comunicação e trabalho em equipa tornam-se cada vez mais importantes.Por outro lado, à medida que navegamos no cenário mutável do trabalho na era da automação, é essencial abordar as preocupações relativas à equidade, ao acesso e à inclusão na força de trabalho. Para garantir que todos tenham a oportunidade de se adaptar e prosperar na economia digital, os esforços para promover a aprendizagem ao longo da vida e programas de requalificação são cruciais, especialmente para os trabalhadores que correm o risco de perder os seus empregos devido à automatização. A diversidade, a equidade e a inclusão na educação STEM e no desenvolvimento da força de trabalho também são essenciais para a criação de uma força de trabalho que reflita a diversidade da nossa sociedade e utilize a tecnologia robótica em todo o seu potencial para a inovação e o crescimento económico. Concluindo, a incorporação da robótica e da automação na força de trabalho apresenta oportunidades e desafios aos indivíduos, às empresas e à sociedade como um todo. Embora a tecnologia robótica tenha potencial para aumentar a produtividade, a eficiência e a competitividade, também levanta preocupações sobre a deslocação de empregos, lacunas de competências e desigualdade na força de trabalho. Podemos garantir que a tecnologia robótica contribui para um futuro onde o trabalho seja significativo, inclusivo e sustentável para todos, abordando proativamente estes desafios através de investimentos na educação, formação e desenvolvimento da força de trabalho. Além disso, os esforços para mitigar os potenciais efeitos negativos da robótica no emprego exigem colaboração e coordenação entre as partes interessadas, incluindo decisores políticos, empresas, educadores e organizações laborais. Os programas de formação da mão-de-obra, a aprendizagem e a assistência na transição profissional são exemplos de intervenções políticas que podem ajudar os trabalhadores a adquirir as competências de que necessitam para terem sucesso numa economia impulsionada pela tecnologia e para se adaptarem às mudanças nas exigências profissionais. Além disso, os esforços para impulsionar o crescimento económico e a criação de emprego em indústrias que complementam a robótica e a automação, como os serviços digitais, as energias renováveis e a produção avançada, podem compensar as perdas de emprego nas indústrias afetadas pela automação. Além disso, para aproveitar as oportunidades de negócios proporcionadas pela robótica e pela automação, é fundamental cultivar uma cultura de inovação e empreendedorismo. Os governos podem impulsionar a inovação e abrir novos caminhos para a criação de emprego e expansão económica, fornecendo incentivos para startups e pequenas empresas, incentivando parcerias entre o meio académico e a indústria e apoiando iniciativas de investigação e desenvolvimento. Além disso, à medida que a tecnologia robótica continua a avançar, há uma necessidade crescente de abordagens éticas e responsáveis à automação que dêem prioridade ao bem-estar humano e ao bem-estar social. Além disso, os esforços para promover a comercialização da investigação robótica e a transferência de tecnologia podem ajudar a traduzir as descobertas científicas em aplicações práticas que beneficiem a sociedade e contribuam para a prosperidade económica. Diretrizes éticas para projeto e implementação de sistemas robóticos,mecanismos de transparência e responsabilização para algoritmos de IA e participação pública nos processos de tomada de decisão podem contribuir para garantir que a tecnologia robótica seja desenvolvida e utilizada de acordo com os valores humanos e em benefício do público em geral. Em conclusão, o impacto da robótica na dinâmica do emprego e da força de trabalho é complexo e multifacetado, com oportunidades e desafios para os indivíduos, as empresas e a sociedade como um todo. Para construir um futuro em que a tecnologia robótica beneficie todos os membros da sociedade, são essenciais esforços para abordar as implicações sociais e económicas da automação, tais como a desigualdade de rendimentos, a polarização do emprego e o acesso aos cuidados de saúde e aos serviços sociais. Podemos navegar no cenário em mudança do trabalho na era da automação e garantir que a tecnologia robótica contribui para um futuro onde o trabalho seja significativo, inclusivo e sustentável para todos, abraçando a inovação, investindo na educação e na formação e promovendo a colaboração e o diálogo entre as partes interessadas .

Fazendo ajustes ao cenário de emprego em mudança

Na verdade, uma questão crucial é a adaptação ao cenário de emprego em mudança, especialmente à luz da ascensão da robótica e da automação. Considere estes pontos importantes: Aumento da automação: Ao contrário da crença popular, a automação e a robótica estão alterando a natureza do trabalho em vez de necessariamente substituir os trabalhadores. À medida que as empresas se tornam mais produtivas e competitivas, o aumento da automação pode resultar num aumento geral nas contratações. Mudanças de gestão: A introdução de robôs pode reduzir a necessidade de gestores, especialmente aqueles responsáveis por funcionários altamente qualificados. Isso ocorre porque os robôs podem reduzir o erro humano e aumentar a eficiência. Melhoria e requalificação: os trabalhadores precisam de ser qualificados e requalificados para poderem adaptar-se às novas tecnologias. Tarefas repetitivas ou simples de resolução de problemas são as mais suscetíveis à automação. Colaboração entre humanos e IA: A chave é promover uma cultura de aprendizagem contínua e reconhecer a importância das capacidades humanas. Será essencial ajustar-se a uma força de trabalho híbrida em que a IA e os humanos colaborem. Estão a ser criados novos empregos, embora a automatização possa eliminar alguns empregos. No entanto, estão sendo criadas novas funções que exigem conjuntos de habilidades diferentes. Em conclusão, o foco deve ser no aproveitamento da tecnologia para se tornar mais produtivo e competitivo, garantindo ao mesmo tempo que os trabalhadores estão preparados para as mudanças provocadas pela robótica e pela automação. É importante garantir que os trabalhadores estejam equipados com as competências necessárias para desempenhar estas novas funções. Trata-se de encontrar um equilíbrio entre o trabalho humano e os avanços tecnológicos.

Capítulo 12: Acessibilidade e robótica: dando mais poder às pessoas com deficiência

A forma como as pessoas com deficiência interagem com o seu ambiente foi transformada pela incorporação da tecnologia robótica em dispositivos de assistência e soluções de acessibilidade, melhorando a sua independência, mobilidade e qualidade de vida. Robôs assistivos, sistemas domésticos inteligentes, próteses robóticas e exoesqueletos são apenas alguns exemplos de como a tecnologia robótica está permitindo que pessoas com deficiência superem barreiras físicas e participem plenamente na sociedade. Próteses robóticas e exoesqueletos estão transformando a vida de pessoas com perda de membros ou deficiências de mobilidade, restaurando a mobilidade, a destreza e a funcionalidade. Neste capítulo, examinaremos o papel da robótica na acessibilidade e seu efeito na capacitação de pessoas com deficiência. Membros protéticos com algoritmos, sensores e atuadores de IA podem imitar os movimentos naturais dos membros humanos, tornando mais fácil e preciso para os usuários a realização de uma ampla gama de tarefas diárias. Além disso, a tecnologia robótica está facilitando o desenvolvimento de robôs assistivos e companheiros robóticos que apoiam e auxiliam pessoas com deficiência em diversos aspectos da vida diária. Na mesma linha, exoesqueletos e dispositivos ortopédicos motorizados podem ajudar pessoas com dificuldades de mobilidade, fornecendo apoio e assistência para caminhar, ficar em pé e subir escadas. Isso permite que os indivíduos naveguem em seu ambiente com maior independência e confiança. Os robôs sociais com IA e capacidades de processamento de linguagem natural podem ajudar as pessoas com deficiência a sentirem-se menos solitárias e isoladas, ajudando em coisas como comunicação, interação social e apoio emocional. Além disso, a tecnologia robótica está a revolucionar a acessibilidade no ambiente construído, permitindo o desenvolvimento de sistemas domésticos inteligentes e dispositivos de controlo ambiental adaptados às necessidades das pessoas com deficiência.

Além disso, robôs de serviço com manipuladores e sensores podem auxiliar em tarefas como cuidados pessoais, preparação de refeições e tarefas domésticas, permitindo que indivíduos com deficiência vivam de forma mais independente e autônoma. Pessoas com deficiência podem viver com mais conforto e segurança em suas próprias casas graças aos sistemas domésticos inteligentes equipados com sensores, atuadores e tecnologia de reconhecimento de voz. Esses sistemas podem automatizar e controlar vários aspectos do ambiente doméstico, como iluminação, temperatura e segurança. Além disso, o desenvolvimento de sistemas de transporte acessíveis, dispositivos de comunicação e tecnologias de apoio está a facilitar o acesso das pessoas com deficiência à educação, ao emprego e à participação social. Além disso, dispositivos de controle ambiental, como interruptores adaptativos, assistentes ativados por voz e sistemas de reconhecimento de gestos, permitem que indivíduos com deficiência controlem dispositivos e aparelhos eletrônicos com maior facilidade e independência. Pessoas com deficiência motora podem viajar com segurança e independência graças a veículos autônomos equipados com recursos acessíveis para cadeiras de rodas e tecnologias assistivas. Como resultado, as barreiras ao emprego, à educação e à participação comunitária são reduzidas. Da mesma forma, os dispositivos geradores de fala, as linhas braille e os dispositivos de entrada alternativos permitem que as pessoas com dificuldades de comunicação se expressem e interajam com outras pessoas de forma mais eficaz, promovendo a inclusão e a participação na sociedade. Por outro lado, embora a tecnologia robótica tenha potencial para transformar a vida das pessoas com deficiência, também levanta preocupações significativas relativamente à acessibilidade, acessibilidade e usabilidade. Para garantir que todas as pessoas com deficiência tenham acesso igual às tecnologias de apoio baseadas na robótica, é necessário abordar as preocupações relativas ao custo e à disponibilidade destes dispositivos, bem como a necessidade de formação e apoio aos utilizadores e prestadores de cuidados.

Em conclusão, a tecnologia robótica está a revolucionar a acessibilidade ao fornecer soluções inovadoras que capacitam as pessoas com deficiência a superar barreiras físicas e a participar mais plenamente na sociedade. Além disso, os esforços para abordar considerações éticas e sociais, como a privacidade, a autonomia e o potencial de dependência da tecnologia, são essenciais para promover o uso responsável e ético da tecnologia robótica em soluções de acessibilidade. A tecnologia robótica está melhorando a independência, a mobilidade e a qualidade de vida das pessoas com deficiência por meio de robôs assistivos, exoesqueletos, próteses robóticas e sistemas domésticos inteligentes. Para garantir que a tecnologia robótica beneficia todos os membros da sociedade, independentemente da capacidade ou deficiência, mantenhamos o nosso compromisso de promover o design inclusivo, o acesso equitativo e a utilização ética da tecnologia, à medida que continuamos a aproveitar o potencial de acessibilidade da robótica. Além disso, para promover a acessibilidade na robótica, são essenciais esforços para promover a colaboração e a parceria entre as partes interessadas, tais como investigadores, engenheiros, profissionais de saúde, decisores políticos e organizações de defesa. Podemos garantir que a tecnologia de apoio e as soluções de acessibilidade satisfazem as diversas necessidades e preferências das pessoas com deficiência, acelerando a inovação e o desenvolvimento, promovendo a colaboração interdisciplinar e a troca de conhecimentos. A compreensão e o apoio do público às tecnologias robóticas também dependem dos esforços para aumentar a educação e a consciencialização sobre a tecnologia robótica e a acessibilidade. Podemos encorajar a aceitação e a adopção de tecnologias de apoio entre as pessoas com deficiência, os cuidadores e o público em geral, promovendo a sensibilização para os potenciais benefícios de acessibilidade da robótica e dissipando conceitos errados. Além disso, é essencial abordar as barreiras regulamentares e políticas ao desenvolvimento e implantação da tecnologia robótica na acessibilidade para garantir o acesso e a adoção equitativos destas tecnologias. Além disso, é essencial capacitar as pessoas com deficiência para utilizarem dispositivos de assistência robóticos de forma eficaz e independente. Intervenções políticas como incentivos financeiros, políticas de aquisição e normas de acessibilidade podem incentivar o investimento na investigação e desenvolvimento de dispositivos de assistência baseados na robótica e garantir que estas tecnologias satisfaçam as necessidades das pessoas com deficiência. Concluindo, a tecnologia robótica tem potencial para transformar a vida das pessoas com deficiência, fornecendo soluções inovadoras que melhoram a independência, a mobilidade e a qualidade de vida. Além disso, os esforços para promover princípios de design universal e padrões de acessibilidade no desenvolvimento da tecnologia robótica são essenciais para garantir que estas tecnologias sejam utilizáveis e acessíveis a pessoas com diversas capacidades e deficiências. Dispositivos de assistência habilitados para robótica, como robôs de assistência, sistemas domésticos inteligentes,e próteses robóticas e exoesqueletos, estão permitindo que pessoas com deficiência superem barreiras físicas e participem mais plenamente na sociedade. Para garantir que a tecnologia robótica beneficia todos os membros da sociedade, independentemente da capacidade ou deficiência, mantenhamos o nosso compromisso de promover o design inclusivo, o acesso equitativo e a utilização ética da tecnologia à medida que continuamos a promover a acessibilidade da robótica.

Melhorando a acessibilidade por meio da robótica assistiva

Na verdade, uma questão crucial é a adaptação ao cenário de emprego em mudança, especialmente à luz da ascensão da robótica e da automação.

Considere estes pontos importantes: Mais automação: Ao contrário da crença popular, a automação e a robótica estão mudando a natureza do trabalho em vez de substituir os trabalhadores. À medida que as empresas se tornam mais produtivas e competitivas, o aumento da automação pode resultar num aumento geral nas contratações. Mudanças de gestão: A introdução de robôs pode reduzir a necessidade de gestores, especialmente aqueles responsáveis por funcionários altamente qualificados. Isso ocorre porque os robôs podem reduzir o erro humano e aumentar a eficiência. Melhoria e requalificação: os trabalhadores precisam de ser qualificados e requalificados para poderem adaptar-se às novas tecnologias. Tarefas repetitivas ou simples de resolução de problemas são as mais suscetíveis à automação.

> Colaboração Humano-IA: É essencial promover uma cultura de aprendizagem contínua e reconhecer a importância das capacidades humanas. Será essencial ajustar-se a uma força de trabalho híbrida em que a IA e os humanos colaborem. A criação de novos empregos: Embora a automação possa eliminar alguns empregos, estão a ser criadas novas funções que exigem diferentes conjuntos de competências.

É fundamental garantir que os trabalhadores tenham as competências necessárias para preencher estes novos cargos. Em suma, a melhoria da produtividade e da competitividade através da utilização da tecnologia deve ser o foco principal, assim como a preparação dos trabalhadores para as mudanças provocadas pela automação e pela robótica. Trata-se de encontrar um equilíbrio entre o trabalho humano e os avanços tecnológicos.

Capítulo 13: Explorando os Limites da Criatividade Através do Uso de Robôs no Entretenimento

A forma como experimentamos e interagimos com os meios de entretenimento foi transformada pela introdução da tecnologia robótica na indústria do entretenimento, anunciando uma nova era de criatividade e inovação. As atrações e experiências habilitadas pela robótica cativam o público e ultrapassam os limites da narrativa e do entretenimento envolvente em tudo, desde parques temáticos a apresentações ao vivo, filmes, televisão e jogos. Uma das manifestações mais óbvias da robótica no entretenimento é encontrada em parques temáticos e atrações, onde animatrônicos e personagens robóticos dão vida a mundos de fantasia e criam experiências imersivas para os visitantes. Neste capítulo, investigaremos o papel da robótica no entretenimento e seu impacto na formação do futuro da indústria do entretenimento. A criação de ambientes dinâmicos e envolventes que transportam os visitantes para mundos fantásticos e estimulam a sua imaginação é possível graças à tecnologia robótica, que permite aos designers e Imagineers de parques temáticos criar dinossauros, criaturas, robôs interativos e figuras animatrônicas realistas. Além disso, os avanços na tecnologia robótica, como o uso de sensores, atuadores e algoritmos de inteligência artificial (IA), estão possibilitando que as atrações dos parques temáticos se tornem mais interativas e responsivas às contribuições dos visitantes, o que está melhorando o ambiente geral. experiência de entretenimento. Além disso, a tecnologia robótica está revolucionando as produções teatrais e performances ao vivo, permitindo o desenvolvimento de personagens e performers robóticos dinâmicos e expressivos. Com demonstrações hipnotizantes de movimento, expressão e emoção, as performances habilitadas pela robótica ultrapassam os limites do que é possível no entretenimento ao vivo com marionetes, esculturas cinéticas, atores robóticos e dançarinos. Eles também confundem a linha entre humanos e máquinas. Além disso, a tecnologia robótica está transformando a indústria cinematográfica e televisiva, permitindo que cineastas e criadores de conteúdo dêem vida a mundos e personagens imaginários com realismo e detalhes sem precedentes. Ao aproveitar as capacidades dos robôs, a tecnologia robótica permite que performers e artistas explorem novas formas de expressão e narrativa. A tecnologia robótica permite que os cineastas criem mundos imersivos e verossímeis que cativam o público e provocam respostas emocionais poderosas, desde criaturas animatrônicas e adereços robóticos até personagens e efeitos visuais aprimorados com imagens geradas por computador (CGI). Além disso, a tecnologia robótica está a remodelar o cenário dos jogos, permitindo a criação de experiências imersivas e interativas que confundem as fronteiras entre os mundos virtual e físico. Além disso, a tecnologia robótica está a remodelar o cenário dos jogos, permitindo o desenvolvimento de experiências imersivas e interativas que confundem as fronteiras entre os mundos virtual e físico. Ao fornecer feedback tátil, sensações táteis,e interação física com ambientes virtuais, a tecnologia robótica aprimora a jogabilidade e a imersão, desde periféricos e acessórios de jogos robóticos até experiências de realidade aumentada (AR) e realidade virtual (VR). Além disso, as experiências de jogos habilitadas para robótica oferecem aos jogadores oportunidades de interagir com os jogos de maneiras novas e emocionantes, como por meio de interfaces controladas por movimento, reconhecimento de gestos ou comandos de voz. Por outro lado, à medida que a tecnologia robótica avança e se torna cada vez mais enraizada nos meios de entretenimento, também levanta preocupações significativas relativamente à ética, à segurança e ao futuro do emprego na indústria do entretenimento. Para garantir que as experiências possibilitadas pela robótica sejam inclusivas, respeitosas e culturalmente sensíveis, é necessário considerar cuidadosamente as preocupações éticas relativas ao uso da robótica no entretenimento, tais como consentimento, privacidade e representação. Concluindo, a tecnologia robótica está revolucionando a indústria do entretenimento, ampliando os limites da criatividade e da imaginação e criando novas oportunidades para experiências imersivas e interativas. Para garantir a operação segura de atrações e experiências habilitadas por robótica em locais de entretenimento, são essenciais esforços para abordar considerações de segurança, como avaliação de riscos, protocolos de emergência e treinamento de usuários. As atrações e experiências possibilitadas pela robótica estão cativando o público e transformando a forma como vivenciamos e interagimos com a mídia de entretenimento, desde parques temáticos até apresentações ao vivo, filmes, televisão e videogames. É essencial promover a colaboração e a inovação entre engenheiros robóticos, profissionais da indústria do entretenimento e artistas criativos para impulsionar o desenvolvimento de experiências de entretenimento de ponta possibilitadas pela robótica, à medida que continuamos a investigar a intersecção da tecnologia e da imaginação no entretenimento. Continuemos comprometidos em promover o uso ético e responsável da tecnologia robótica e em garantir que as experiências possibilitadas pela robótica enriqueçam e inspirem o público em todo o mundo. Além disso, a tecnologia robótica está a democratizar o acesso à criação e ao consumo de entretenimento, permitindo que indivíduos e comunidades participem na produção e distribuição de conteúdos. Podemos ultrapassar os limites do que é possível no entretenimento, reunindo conhecimentos de diversas áreas, como robótica, engenharia, animação, narrativa e design. A tecnologia em robótica oferece aos entusiastas e criadores a capacidade de experimentar a robótica e criar suas próprias experiências e conteúdos interativos por meio de plataformas online, mídias sociais, comunidades de criadores e kits de robótica DIY. Além disso, a tecnologia robótica está a impulsionar a inovação no marketing e promoção do entretenimento, permitindo o desenvolvimento de experiências interativas e envolventes que captam a atenção do público e impulsionam o envolvimento da marca. Além disso, ferramentas e plataformas baseadas em robótica para criação e distribuição de conteúdo permitem que os criadores alcancem públicos globais e compartilhem suas criações com o mundo, democratizando o acesso ao entretenimento e promovendo a criatividade e a inovação na era digital. Marcas e anunciantes podem usar a tecnologia robótica para criar experiências memoráveis e compartilháveis que repercutam nos consumidores e cultivem a fidelidade à marca. Essas experiências podem incluir instalações imersivas, campanhas de marketing experienciais, mascotes robóticos e personagens. Além disso, as experiências de varejo baseadas na robótica, como displays interativos e demonstrações de produtos robóticos, melhoram a experiência de compra e aumentam o envolvimento do cliente e as vendas. Por outro lado, à medida que a tecnologia robótica continua a revolucionar a indústria do entretenimento, também levanta preocupações significativas relativamente à privacidade, segurança e uso ético da tecnologia. Para garantir que os direitos e interesses do público sejam protegidos, as experiências de entretenimento baseadas na robótica devem abordar preocupações relativas à privacidade de dados, vigilância e recolha e utilização de informações pessoais. Concluindo, a tecnologia robótica está a transformar a indústria do entretenimento, ultrapassando os limites da criatividade e da imaginação e criando novas oportunidades para experiências imersivas e interactivas. Além disso, os esforços para abordar considerações de segurança, tais como avaliação de riscos, conformidade regulamentar e educação dos utilizadores, são essenciais para garantir a operação segura de atrações e experiências baseadas em robótica e minimizar o risco de acidentes ou lesões. As atrações e experiências baseadas na robótica estão cativando o público e remodelando a forma como vivenciamos e interagimos com a mídia de entretenimento. Eles podem ser encontrados em tudo, desde parques temáticos a apresentações ao vivo, filmes, televisão, jogos e marketing. Mantenhamos o nosso compromisso de promover o uso ético e responsável da tecnologia e de garantir que as experiências possibilitadas pela robótica enriquecem e inspiram o público em todo o mundo, à medida que continuamos a aproveitar o poder da robótica no entretenimento.Para garantir que os direitos e interesses do público sejam protegidos, as experiências de entretenimento baseadas na robótica devem abordar preocupações relativas à privacidade de dados, vigilância e recolha e utilização de informações pessoais. Concluindo, a tecnologia robótica está a transformar a indústria do entretenimento, ultrapassando os limites da criatividade e da imaginação e criando novas oportunidades para experiências imersivas e interactivas. Além disso, os esforços para abordar considerações de segurança, tais como avaliação de riscos, conformidade regulamentar e educação dos utilizadores, são essenciais para garantir a operação segura de atrações e experiências baseadas em robótica e minimizar o risco de acidentes ou lesões. As atrações e experiências baseadas na robótica estão cativando o público e remodelando a forma como vivenciamos e interagimos com a mídia de entretenimento. Eles podem ser encontrados em tudo, desde parques temáticos a apresentações ao vivo, filmes, televisão, jogos e marketing. Mantenhamos o nosso compromisso de promover o uso ético e responsável da tecnologia e de garantir que as experiências possibilitadas pela robótica enriquecem e inspiram o público em todo o mundo, à medida que continuamos a aproveitar o poder da robótica no entretenimento.Para garantir que os direitos e interesses do público sejam protegidos, as experiências de entretenimento baseadas na robótica devem abordar preocupações relativas à privacidade de dados, vigilância e recolha e utilização de informações pessoais. Concluindo, a tecnologia robótica está a transformar a indústria do entretenimento, ultrapassando os limites da criatividade e da imaginação e criando novas oportunidades para experiências imersivas e interactivas. Além disso, os esforços para abordar considerações de segurança, tais como avaliação de riscos, conformidade regulamentar e educação dos utilizadores, são essenciais para garantir a operação segura de atrações e experiências baseadas em robótica e minimizar o risco de acidentes ou lesões. As atrações e experiências baseadas na robótica estão cativando o público e remodelando a forma como vivenciamos e interagimos com a mídia de entretenimento. Eles podem ser encontrados em tudo, desde parques temáticos a apresentações ao vivo, filmes, televisão, jogos e marketing. Mantenhamos o nosso compromisso de promover o uso ético e responsável da tecnologia e de garantir que as experiências possibilitadas pela robótica enriquecem e inspiram o público em todo o mundo, à medida que continuamos a aproveitar o poder da robótica no entretenimento.

Da animatrônica aos artistas interativos

Um desenvolvimento significativo nas indústrias de entretenimento e robótica pode ser visto na mudança da animatrônica para a robótica interativa. Um resumo dessa transformação é o seguinte: O significado tradicional de "animatrônica" é "o uso de dispositivos mecânicos para animar figuras robóticas", que são freqüentemente encontrados em filmes, parques de diversões e outros locais de entretenimento.

Estes números podem copiar desenvolvimentos semelhantes, mas normalmente são restritos a atividades pré-personalizadas. Em contraste, a Interactive Performer Robotics cria robôs que podem interagir com humanos e seus arredores em tempo real, incorporando tecnologias de ponta como sensores, câmeras e inteligência artificial. Por conta disso, a atuação pode ser mais dinâmica e adaptável, sendo o robô capaz de responder ao público ou às mudanças do ambiente123. Por exemplo, figuras animatrônicas em parques temáticos proporcionam movimentos realistas; no entanto, a incorporação da robótica tornou essas atrações muito mais adaptáveis, permitindo que o conteúdo seja reprogramado e atualizado em tempo real. Atualmente, os robôs estão sendo desenvolvidos para uso em aplicações sociais, como educação, entretenimento ou vida assistida, fora do domínio do entretenimento. O novo método de animação de personagens conhecido como animação em robótica amplia o método tradicional, permitindo que o movimento animado se torne mais interativo e adaptável durante a interação do usuário em ambientes do mundo real. Artistas e desenvolvedores de robôs trabalham juntos para desenvolver características expressivas, emocionais e de design para robôs que possam interagir de forma significativa com as pessoas. No geral, o movimento em direção à robótica performática interativa, na qual os robôs são tanto performers quanto participantes da interação, indica um movimento em direção à criação de experiências de entretenimento mais imersivas e envolventes.

Capítulo 14 Compreender as complexidades das aplicações militares através da robótica e da guerra

O panorama da guerra e da segurança contemporâneas foi transformado pela incorporação da tecnologia robótica em aplicações militares. Como resultado, surgiram novas capacidades e dificuldades tanto para as forças militares como para os decisores políticos. A tecnologia robótica está mudando a forma como as operações militares são realizadas e levantando importantes questões éticas, legais e estratégicas.

Estes incluem sistemas de armas autônomos, robôs terrestres e drones de vigilância. Os veículos aéreos não tripulados (UAV), mais comumente chamados de drones, tornaram-se cada vez mais predominantes em operações militares de reconhecimento, vigilância e ataques direcionados. Neste capítulo, examinaremos as complexidades e implicações das suas aplicações militares, bem como o papel que a robótica desempenha na segurança e na guerra. Enquanto os drones de vigilância fornecem aos comandantes no terreno inteligência em tempo real e consciência situacional, os drones armados com munições guiadas com precisão permitem que as forças militares realizem ataques cirúrgicos contra alvos inimigos com o menor risco para o pessoal e danos colaterais. Além disso, a tecnologia robótica está a revolucionar a guerra terrestre através do desenvolvimento de veículos terrestres não tripulados (UGV) e de sistemas robóticos para reconhecimento, vigilância e apoio ao combate. Além disso, os avanços na autonomia e nos algoritmos de IA estão a permitir que os drones operem de forma autónoma e colaborativa em enxames, aumentando a sua eficácia e versatilidade numa vasta gama de missões militares. UGVs com sensores, câmeras e manipuladores podem atravessar obstáculos, navegar em terrenos acidentados e realizar uma variedade de tarefas, como remoção de minas, remoção de rotas e eliminação de munições explosivas (EOD). Isso torna as operações militares mais seguras e eficientes. Além disso, a tecnologia robótica está a impulsionar a inovação na guerra naval através do desenvolvimento de embarcações de superfície não tripuladas (USV) e drones subaquáticos para vigilância marítima, contramedidas de minas e guerra anti-submarina. Além disso, sistemas robóticos como exoesqueletos robóticos e veículos de combate não tripulados (UCVs) permitem aos soldados melhorar as suas capacidades e superar limitações físicas no campo de batalha, melhorando a sua mobilidade, resistência e letalidade em combate. Melhorando as capacidades de segurança e defesa marítima, os USV equipados com sensores, sonares e sistemas de comunicação podem patrulhar autonomamente as fronteiras marítimas, monitorizar as rotas marítimas e identificar e neutralizar ameaças subaquáticas. À medida que a tecnologia robótica continua a avançar e a tornar-se mais integrada nas operações militares, também levanta importantes considerações éticas, legais e estratégicas que devem ser cuidadosamente abordadas. Além disso, drones subaquáticos equipados com câmeras e sensores permitem que as forças navais realizem reconhecimento subaquático, operações de busca e salvamento e monitoramento ambiental em ambientes subaquáticos perigosos ou inacessíveis a veículos tripulados. Para garantir que a guerra baseada na robótica seja levada a cabo de uma forma que respeite os direitos humanos e os princípios éticos, é necessário considerar cuidadosamente as preocupações éticas relativas à utilização de sistemas de armas autónomos. Estas preocupações incluem questões como a responsabilização, a transparência e o cumprimento do Direito Internacional Humanitário (DIH). Para concluir, a tecnologia robótica está a remodelar o cenário da guerra e da segurança modernas, introduzindo novas capacidades e desafios tanto para as forças militares como para os decisores políticos. Para promover a estabilidade e a segurança num ambiente de segurança cada vez mais complexo e contestado, são essenciais esforços para abordar as implicações estratégicas da tecnologia robótica, tais como corridas armamentistas, proliferação e dinâmicas de escalada. A tecnologia robótica está a mudar a forma como as operações militares são realizadas e a trazer à tona importantes questões éticas, legais e estratégicas em tudo, desde veículos aéreos não tripulados e robôs terrestres até sistemas de armas autónomos e drones subaquáticos. Os esforços para abordar as implicações éticas, legais e estratégicas da robótica na guerra necessitam de colaboração e coordenação entre líderes militares, decisores políticos, especialistas em ética, peritos jurídicos e organizações da sociedade civil. Mantenhamos o nosso compromisso de promover a utilização responsável e ética da tecnologia e de garantir que as aplicações militares baseadas na robótica contribuem para a paz, a segurança e a estabilidade no sistema internacional, à medida que continuamos a navegar pelas complexidades da robótica na guerra. O desenvolvimento de normas, directrizes e regulamentos que regem o desenvolvimento, a implantação e a utilização de tecnologias militares baseadas na robótica, bem como a observância do direito internacional e das normas de direitos humanos, exigem diálogo e cooperação internacionais. Além disso, os esforços para promover a inovação responsável e a gestão dos riscos no desenvolvimento e implantação de tecnologias militares baseadas na robótica são essenciais para garantir a segurança, a fiabilidade e a eficácia destes sistemas. Além disso, os esforços para promover a transparência, a responsabilização e os mecanismos de supervisão para as operações militares baseadas na robótica são essenciais para criar confiança entre as partes interessadas e minimizar o risco de consequências não intencionais ou de utilização indevida destas tecnologias. Para avaliar o desempenho e a fiabilidade das tecnologias militares baseadas na robótica sob uma variedade de condições operacionais e para identificar e mitigar potenciais riscos e vulnerabilidades, são necessários procedimentos robustos de testes, avaliação e validação. Além disso, os esforços para promover a colaboração homem-máquina e a tomada de decisões na guerra são essenciais para aproveitar os pontos fortes tanto dos humanos como das máquinas, ao mesmo tempo que mitiga as limitações e os riscos dos sistemas autónomos. Além disso, os esforços para enfrentar as ameaças e vulnerabilidades de segurança cibernética em sistemas militares habilitados para robótica são essenciais para proteger contra o acesso não autorizado, a adulteração ou a exploração destas tecnologias por adversários. Para que os sistemas de armas autónomos funcionem de acordo com valores humanos e princípios éticos e para evitar danos não intencionais ou utilização indevida, são necessários mecanismos de supervisão e controlo humanos. A integração da tecnologia robótica em aplicações militares está a remodelar o cenário da guerra e da segurança modernas,introduzindo novas capacidades e desafios tanto para as forças militares como para os decisores políticos. Além disso, os esforços para promover a formação de equipas e a colaboração homem-máquina, tais como programas de formação e educação para o pessoal militar, são essenciais para aumentar a eficácia e a resiliência das forças militares num ambiente operacional que se está a tornar cada vez mais complexo e dinâmico. A tecnologia robótica está a mudar a forma como as operações militares são realizadas e a trazer à tona importantes questões éticas, legais e estratégicas em tudo, desde veículos aéreos não tripulados e robôs terrestres até sistemas de armas autónomos e drones subaquáticos. Mantenhamos o nosso compromisso de promover a utilização responsável e ética da tecnologia e de garantir que as aplicações militares baseadas na robótica contribuem para a paz, a segurança e a estabilidade no sistema internacional, à medida que continuamos a navegar pelas complexidades da robótica na guerra.

Analisando a contribuição da robótica para estratégias de defesa

Por fornecer uma variedade de capacidades que melhoram as operações militares, a robótica tornou-se um componente essencial das estratégias de defesa contemporâneas. A seguir estão algumas contribuições significativas da robótica para a defesa: Vigilância e Reconhecimento Aprimorados: A tecnologia por trás da robótica tornou muito mais fácil realizar vigilância e reconhecimento. Estas missões utilizam agora dados e informações em tempo real recolhidos em locais distantes ou de risco. Os ataques de combate e de precisão são possíveis graças a sistemas não tripulados, como os drones, que reduzem o risco para o pessoal militar. Ao mesmo tempo que minimizam os danos colaterais, eles podem atingir alvos com alta precisão. Gestão da Logística e da Cadeia de Abastecimento Utilizando robôs, a logística e as operações da cadeia de abastecimento podem ser simplificadas para garantir que as tropas no campo recebam efetivamente suprimentos e equipamentos. Eliminação de material bélico explosivo (EOD): Os robôs são frequentemente utilizados para tarefas EOD porque permitem identificar e eliminar com segurança ameaças explosivas sem colocar vidas em risco. Socorro em desastres e assistência humanitária: Os robôs podem fornecer ajuda e apoio em áreas atingidas por desastres, onde os seres humanos podem ser demasiado arriscados para operar. Esta pode ser uma parte importante das missões humanitárias. Veículos Autónomos e Tanques Não Tripulados: O desenvolvimento de veículos autónomos e tanques não tripulados está a remodelar o campo de batalha, proporcionando novas opções tácticas e diminuindo a necessidade de soldados humanos em combate directo. Questões Éticas e Legais: A ascensão da robótica militar também levanta diversas questões éticas e legais. Estas questões incluem a necessidade de regras de combate claras e a utilização de sistemas de armas letais autónomos. À medida que as nações navegam pelas complexidades desta tecnologia em rápido avanço, a proliferação da robótica nas forças armadas tem implicações nas relações internacionais e no controlo de armas. Os três elementos de objetivos, meios e ameaças são levados em consideração na visão estratégica militar da robótica. Enfatiza a importância da incorporação da robótica na educação e treino militar2 e a necessidade de níveis de planeamento político, estratégico, operacional e tático. Você pode consultar artigos e relatórios acadêmicos que discutem as implicações estratégicas da robótica em contextos militares para uma análise mais aprofundada. A robótica e os sistemas autónomos (RAS) serão cruciais para o desenvolvimento das futuras capacidades militares à medida que continuam a evoluir.

Capítulo 15: Do Companheirismo à Coexistência: A Direção da Interação Humano-robô no Futuro

O futuro da interação humano-robô é uma enorme promessa para transformar a forma como vivemos, trabalhamos e interagimos com a tecnologia, à medida que a tecnologia robótica continua a avançar. Os robôs têm o potencial de desempenhar papéis cada vez mais importantes na nossa vida quotidiana, desde serem companheiros e cuidadores até colaborarem com humanos numa variedade de campos.

Um dos aspectos mais intrigantes do futuro da interação humano-robô é o potencial dos robôs servirem como companheiros e cuidadores de humanos, particularmente em contextos como cuidados de saúde, assistência a idosos e apoio à saúde mental. Neste capítulo, examinaremos o cenário em evolução da interação humano-robô e o potencial para humanos e robôs coexistirem harmoniosamente na sociedade. Os robôs sociais equipados com processamento de linguagem natural, reconhecimento emocional e algoritmos de empatia tornaram possível aos robôs interagir com os humanos de formas mais naturais e intuitivas, permitindo-lhes fornecer companheirismo, assistência e apoio emocional aos necessitados. Além disso, os robôs estão a ser cada vez mais incorporados numa variedade de aspectos da vida quotidiana, desde assistência pessoal e entretenimento até tarefas domésticas e recados, o que pode ajudar a enfrentar o isolamento social e a solidão entre populações vulneráveis, como os idosos e as pessoas com deficiência. Dispositivos inteligentes e assistentes robóticos com IA e recursos de automação podem agilizar as rotinas diárias, gerenciar tarefas e agendas e aumentar a produtividade e a eficiência em casa e no trabalho. Além disso, o futuro da interação humano-robô é promissor para a colaboração e coexistência entre humanos e robôs em vários domínios, incluindo indústria, educação e investigação. Além disso, podemos antecipar uma proliferação de serviços e aplicações baseados em robótica em áreas como o retalho, a hotelaria, os transportes e o atendimento ao cliente, transformando a forma como interagimos com a tecnologia e acedemos a bens e serviços. Com sensores e algoritmos de inteligência artificial (IA), os robôs colaborativos (cobots) podem colaborar com os seres humanos na produção, logística e outros ambientes industriais para aumentar a produtividade e a segurança no trabalho. À medida que os humanos e os robôs interagem e coexistem cada vez mais na sociedade, é essencial abordar considerações importantes relacionadas com a ética, a privacidade e o impacto social. Além disso, os robôs estão sendo cada vez mais usados em ambientes educacionais para apoiar o aprendizado e o desenvolvimento de habilidades, proporcionando aos alunos de disciplinas STEM e outras disciplinas experiências interativas e práticas. Para garantir que a tecnologia robótica é desenvolvida e utilizada de uma forma consistente com os valores humanos e os princípios éticos, é necessário considerar cuidadosamente as preocupações relativas ao uso ético de robôs em vários contextos, tais como autonomia, responsabilidade e transparência. Concluindo, o futuro da interação humano-robô possui um enorme potencial para transformar a forma como vivemos, trabalhamos e interagimos com a tecnologia. Além disso, os esforços para abordar questões de privacidade, tais como segurança de dados, vigilância e consentimento, são essenciais para proteger os direitos individuais. Os robôs têm o potencial de desempenhar papéis cada vez mais importantes na nossa vida quotidiana, desde serem companheiros e cuidadores até colaborarem com humanos numa variedade de campos. Além disso, os esforços para promover a inclusão e a acessibilidade na interação humano-robô são essenciais para garantir que a tecnologia robótica beneficie todos os membros da sociedade, independentemente da idade, capacidade ou origem. Continuemos empenhados em promover o uso responsável e ético da tecnologia e em garantir que humanos e robôs possam coexistir harmoniosamente na sociedade à medida que continuamos a explorar as possibilidades de interação humano-robô. A promoção do acesso e da participação equitativos nas interações entre humanos e robôs exige a criação de robôs e interfaces que sejam compreensíveis, fáceis de usar e acessíveis a pessoas com uma variedade de requisitos e preferências. Além disso, promover uma cultura de inovação responsável e gestão no desenvolvimento e implantação de tecnologia robótica é essencial para responder às preocupações da sociedade e garantir que os benefícios da interação humano-robô superam os riscos e desafios. Além disso, os esforços para abordar as disparidades no acesso à tecnologia robótica, tais como a acessibilidade, a disponibilidade e a literacia digital, são essenciais para garantir que todos os indivíduos tenham a oportunidade de beneficiar do potencial da tecnologia robótica para melhorar as suas vidas e o seu bem-estar. Para identificar e abordar as considerações éticas, legais e sociais associadas à interação humano-robô, as partes interessadas – como investigadores, engenheiros, decisores políticos, especialistas em ética e organizações da sociedade civil – devem colaborar e comunicar entre si. Além disso, é essencial estabelecer quadros de governação e regulação que garantam a utilização responsável e ética da tecnologia robótica, à medida que humanos e robôs interagem e colaboram cada vez mais em vários domínios. Isto porque os esforços para envolver o público nas discussões sobre as implicações da tecnologia robótica e capacitar os indivíduos para participarem nos processos de tomada de decisão são essenciais para promover a transparência, a responsabilização e a confiança no desenvolvimento e utilização da tecnologia robótica. O desenvolvimento, a implantação e o uso da tecnologia robótica são regidos por diretrizes, padrões e políticas que abordam considerações importantes como segurança, privacidade e responsabilidade. Os órgãos reguladores e os decisores políticos desempenham um papel crucial neste processo.

Concluindo, o futuro da interação humano-robô é uma enorme promessa para transformar a forma como vivemos, trabalhamos e interagimos com a tecnologia. A harmonização de regulamentos e normas além-fronteiras e a promoção de padrões globais para a utilização ética da tecnologia robótica exigem cooperação e colaboração internacionais. Os robôs têm o potencial de desempenhar papéis cada vez mais importantes na nossa vida quotidiana, desde serem companheiros e cuidadores até colaborarem com humanos numa variedade de campos. Continuemos empenhados em promover o uso responsável e ético da tecnologia e em garantir que humanos e robôs possam coexistir harmoniosamente na sociedade,enriquecendo as nossas vidas e avançando nos nossos objetivos comuns de progresso e bem-estar à medida que continuamos a investigar as possibilidades de interação humano-robô.

Analisando a dinâmica de relacionamento entre pessoas e robôs

A interação humano-robô (HRI) abrange vários aspectos fascinantes e intrincados da dinâmica das relações humano-robô. Compreender como os humanos percebem, interagem e se relacionam com os robôs em vários contextos está no centro deste campo interdisciplinar. Ao analisar essas dinâmicas, seguem algumas considerações importantes que os pesquisadores fazem: Antropomorfismo é a ideia de que os robôs possuem características humanas.

O nível de antropomorfismo de um robô pode ter um impacto significativo na forma como as pessoas interagem com ele. O termo "robótica assistiva" (AR) refere-se a robôs feitos para ajudar os humanos de diversas maneiras, como com seu bem-estar físico, social, mental e emocional. A dinâmica do relacionamento pode ser afetada pelo desempenho desses robôs em suas funções. Autonomia: O nível de confiança das pessoas em sistemas robóticos pode ser afetado pelo nível de autonomia de um robô ou pela sua capacidade de operar de forma independente. Benchmarks: Para o desenvolvimento de HRI, é essencial estabelecer padrões para desempenho, segurança e considerações éticas do robô. Incorporação:

Como os robôs são objetos do mundo real, seu design e forma podem influenciar a forma como as pessoas interagem com eles. A medida fisiológica conhecida como resposta galvânica da pele (GSR) pode ser utilizada para avaliar o estado emocional de uma pessoa interagindo com um robô e fornecer insights sobre a dinâmica do relacionamento. Interação Humano-Computador (IHC): Enquanto o HRI examina especificamente a dinâmica entre humanos e robôs fisicamente incorporados1, o HCI concentra-se na interação entre humanos e computadores. Robótica Socialmente Assistiva (SAR): Este campo estuda robôs que ajudam as pessoas interagindo com elas socialmente e não fisicamente. Isto pode ser importante para o cuidado e a educação dos idosos. O termo "robôs socialmente interativos" (SIR) refere-se a robôs que interagem com humanos por meio de interações sociais, como comunicar-se com eles, expressar seus sentimentos e aprender suas dicas sociais. O objetivo da pesquisa é desenvolver modelos de comportamento humano que possam antecipar e aprimorar as interações com robôs. Para que o HRI seja bem-sucedido, esses modelos devem ser precisos e completos para garantir segurança, desempenho e satisfação dos funcionários. Estudos também mostram que as pessoas desenvolvem laços mais fortes com os robôs que controlam, o que pode ter um impacto na forma como os robôs semiautônomos são feitos e na forma como funcionam. Concluindo, para melhorar o projeto e a interação de sistemas robóticos com humanos, é necessária uma abordagem multidisciplinar que leve em consideração fatores psicológicos, sociológicos e tecnológicos para analisar a dinâmica das relações entre humanos e robôs.

Capítulo 16: Tecnologia Mecânica e Preservação Ecológica: Salvaguardando a Natureza com Arranjos Inovadores

Para abordar questões ecológicas urgentes e proteger o mundo natural para as gerações futuras, incorporar a tecnologia robótica nos esforços de conservação ambiental é uma opção promissora. Soluções inovadoras para a gestão ambiental sustentável são fornecidas pela tecnologia robótica, que inclui a redução da poluição e a prevenção da destruição de habitats, bem como a monitorização dos ecossistemas e da vida selvagem.

Uma das principais aplicações da tecnologia robótica na conservação ambiental é no monitoramento e gestão de ecossistemas e habitats de vida selvagem. Neste capítulo, examinaremos o papel da robótica na conservação ambiental e o potencial das soluções tecnológicas para contribuir para a preservação da natureza. As paisagens naturais podem ser pesquisadas e mapeadas com a ajuda de veículos aéreos não tripulados (UAVs) equipados com câmeras, sensores e tecnologias de sensoriamento remoto. Eles também podem ser usados para monitorar mudanças na vegetação e nas populações de vida selvagem. Além disso, os drones subaquáticos e os veículos subaquáticos autónomos (AUVs) permitem aos investigadores explorar e monitorizar ecossistemas marinhos, avaliar recifes de coral e estudar a biodiversidade subaquática em locais inacessíveis. Além disso, a tecnologia robótica está a remodelar o processo pelo qual os dados ambientais são recolhidos e analisados, tornando possível aos investigadores recolher grandes quantidades de dados de alta qualidade de uma forma que é ao mesmo tempo mais eficaz e precisa do que nunca. Dados em tempo real sobre a saúde dos ecossistemas e as condições ambientais podem ser fornecidos por estações autónomas de monitorização ambiental equipadas com sensores para medir a qualidade do ar e da água, temperatura, humidade e outros parâmetros ambientais. Isto torna possível detectar mais cedo a poluição, a degradação do habitat e outras ameaças à biodiversidade. Além disso, a tecnologia robótica está a ser utilizada na luta contra a poluição ambiental e a destruição de habitats, fornecendo soluções inovadoras para a limpeza de locais contaminados, mitigando os efeitos de derrames de petróleo e restaurando ecossistemas degradados. Além disso, os algoritmos de análise de dados alimentados por IA são capazes de processar e analisar grandes quantidades de dados ambientais, identificando padrões, tendências e anomalias que podem informar estratégias de conservação e tomada de decisões. É possível utilizar sistemas robóticos, como drones e veículos terrestres não tripulados (UGVs) com sensores e ferramentas de amostragem, para encontrar e monitorar fontes de poluição, avaliar danos ambientais e coletar amostras para análise e remediação. Além disso, os esforços de reflorestação e revegetação em áreas afetadas pela desflorestação, incêndios florestais e degradação dos solos são possíveis graças a plataformas robóticas para restauração de habitats, tais como sistemas autónomos de dispersão de sementes e plantação de drones. Embora a tecnologia robótica seja uma grande promessa para a conservação ambiental, ela também levanta questões e desafios importantes em relação à ética, à governação e às consequências não intencionais das intervenções tecnológicas. Para garantir que as soluções tecnológicas respeitem os direitos humanos e os valores culturais e contribuam para resultados equitativos e sustentáveis, é necessário considerar cuidadosamente as preocupações sobre o uso ético da robótica na conservação ambiental, incluindo preocupações sobre a privacidade, a autonomia e os direitos dos povos indígenas. comunidades. Para concluir, a tecnologia robótica tem o potencial de revolucionar os esforços de conservação ambiental, fornecendo soluções inovadoras para monitorar, gerenciar e restaurar ecossistemas e habitats de vida selvagem. Para promover a utilização responsável e ética da tecnologia robótica na conservação ambiental, são essenciais esforços para enfrentar desafios regulamentares e políticos, tais como responsabilidade, responsabilização e direitos de propriedade intelectual. Novas oportunidades para a gestão ambiental sustentável são proporcionadas por tecnologias de conservação ambiental baseadas na robótica, que vão desde o levantamento de paisagens e a monitorização da biodiversidade até à limpeza da poluição e à restauração de ecossistemas degradados. Além disso, os esforços para promover a colaboração e a parceria entre as partes interessadas, incluindo investigadores, conservacionistas, decisores políticos, comunidades locais e criadores de tecnologia, são essenciais para maximizar o impacto da tecnologia robótica na conservação ambiental. Mantenhamos o nosso compromisso de promover o uso responsável e ético da tecnologia e de garantir que as soluções tecnológicas contribuem para a preservação da natureza e o bem-estar das gerações atuais e futuras. Podemos desenvolver e implementar estratégias de conservação baseadas na robótica que sejam contextualmente relevantes, culturalmente sensíveis e socialmente inclusivas, promovendo a colaboração interdisciplinar e a troca de conhecimentos. Além disso, os esforços para promover a inovação e o empreendedorismo no desenvolvimento e implantação de tecnologia robótica para a conservação ambiental são essenciais para desbloquear novas oportunidades e ampliar iniciativas bem-sucedidas. Além disso, os esforços para envolver e capacitar as comunidades locais nos esforços de conservação, tais como iniciativas de ciência cidadã e monitorização participativa, são essenciais para desenvolver a apropriação comunitária e o apoio aos objectivos de conservação e garantir a sustentabilidade a longo prazo das intervenções de conservação. Incentivos, subvenções e prémios para a investigação em robótica e a inovação na conservação ambiental podem encorajar o investimento em tecnologias e soluções promissoras e estimular a criatividade. Além disso, os esforços para enfrentar os desafios de desenvolvimento de capacidades e transferência de tecnologia na adopção e implantação de tecnologia robótica para a conservação ambiental são essenciais para garantir que as soluções tecnológicas cheguem àqueles que mais precisam delas. Além disso, iniciativas para promover a comercialização da investigação robótica e a transferência de tecnologia podem facilitar a tradução de descobertas científicas em aplicações práticas que beneficiem a sociedade e contribuam para a sustentabilidade ambiental. A capacidade de utilizar eficazmente a tecnologia robótica em atividades de conservação pode ser desenvolvida através de programas de formação e educação para profissionais de conservação, técnicos e comunidades locais.A adopção e adaptação da tecnologia robótica em vários contextos e regiões ambientais também pode ser facilitada por iniciativas de transferência de tecnologia, como parcerias entre instituições de investigação, criadores de tecnologia e organizações de conservação. Além disso, a sensibilização e o envolvimento do público na conservação ambiental possibilitada pela robótica são essenciais para obter apoio e impulso para os objectivos e iniciativas de conservação. Campanhas de divulgação e comunicação que destacam o papel da tecnologia robótica nas histórias de sucesso da conservação, destacam soluções inovadoras e melhores práticas e envolvem o público em geral em atividades relacionadas com a ciência cidadã e a conservação podem aumentar a sensibilização para as questões ambientais e motivar a ação e a participação. Além disso, a tecnologia robótica tem o potencial de revolucionar os esforços de conservação ambiental, fornecendo novas soluções para monitorizar, gerir e restaurar ecossistemas e habitats de vida selvagem. Em conclusão, a tecnologia robótica tem o potencial de revolucionar os esforços de conservação ambiental, fornecendo soluções inovadoras para monitorizar, gerir e restaurar ecossistemas e habitats de vida selvagem. Novas oportunidades para a gestão ambiental sustentável são proporcionadas por tecnologias de conservação ambiental baseadas na robótica, que vão desde o levantamento de paisagens e a monitorização da biodiversidade até à limpeza da poluição e à restauração de ecossistemas degradados. Mantenhamos o nosso compromisso de promover o uso responsável e ético da tecnologia e de garantir que as soluções tecnológicas contribuem para a preservação da natureza e o bem-estar das gerações atuais e futuras, à medida que continuamos a utilizar a robótica para conservar o ambiente.que vão desde o levantamento de paisagens e a monitorização da biodiversidade até à limpeza da poluição e à restauração de ecossistemas degradados. Mantenhamos o nosso compromisso de promover o uso responsável e ético da tecnologia e de garantir que as soluções tecnológicas contribuem para a preservação da natureza e o bem-estar das gerações atuais e futuras, à medida que continuamos a utilizar a robótica para conservar o ambiente.que vão desde o levantamento de paisagens e a monitorização da biodiversidade até à limpeza da poluição e à restauração de ecossistemas degradados. Mantenhamos o nosso compromisso de promover o uso responsável e ético da tecnologia e de garantir que as soluções tecnológicas contribuem para a preservação da natureza e o bem-estar das gerações atuais e futuras, à medida que continuamos a utilizar a robótica para conservar o ambiente.

Utilizando Robôs para Atividades de Conservação

Os esforços de conservação incorporam cada vez mais o uso de robôs para resolver uma variedade de questões ambientais. Uma visão geral de como os robôs estão auxiliando os esforços de conservação pode ser encontrada aqui: Monitoramento de espécies e coleta de dados A coleta de dados sobre espécies e habitats está sendo transformada por robôs, especialmente drones e veículos subaquáticos autônomos (AUVs). Eles são capazes de navegar em terrenos difíceis e remotos e coletar dados sobre populações, saúde e comportamento de espécies sem intervenção humana, o que é essencial para ecossistemas delicados.

Contribuição para a polinização Os polinizadores robóticos foram desenvolvidos em resposta ao declínio dos polinizadores naturais como as abelhas. Para manter as populações de plantas e a diversidade genética nos ecossistemas, estes robôs agem de forma semelhante às abelhas. No entanto, a tecnologia ainda está numa fase inicial e os seus potenciais efeitos no ambiente a longo prazo ainda estão a ser avaliados. Controle de Espécies Invasoras Além disso, robôs estão sendo usados para localizar e erradicar espécies invasoras dos ecossistemas. A sobrevivência das espécies nativas e o equilíbrio ambiental são auxiliados por isso. Limpeza do meio ambiente A limpeza de áreas poluídas, como praias e derramamentos de petróleo, é auxiliada por robôs, reduzindo o impacto de desastres ambientais. Robôs baseados em biologia Os robôs bioinspirados são feitos para trabalhar em ambientes naturais com poucas interrupções. Nos esforços de conservação, podem realizar atividades como exploração, recolha de dados, intervenção e manutenção. Por serem projetados para se moverem e sentirem como animais, esses robôs são ferramentas de conservação não invasivas e duradouras. A aplicação da robótica à conservação é um desenvolvimento promissor na ciência ambiental porque fornece novas estratégias para preservar a biodiversidade e melhorar a saúde dos ecossistemas. Prevê-se que a utilização destas ferramentas robóticas nos esforços de conservação se expandirá em âmbito e eficácia à medida que a tecnologia avança, transformando o campo.

Capítulo 17: Reconstruindo Comunidades Após Desastres com Inovações Robóticas na Recuperação de Desastres

A tecnologia robótica está a tornar-se cada vez mais importante nos esforços de recuperação de desastres resultantes de desastres naturais e crises humanitárias. Oferece soluções inovadoras para resposta rápida, avaliação de danos e reconstrução resiliente. Os robôs estão a mudar a forma como as comunidades recuperam e reconstroem após desastres, desde a busca e salvamento até à reparação de infraestruturas e remoção de detritos. Uma das aplicações mais importantes da tecnologia robótica na recuperação de desastres é em operações de busca e salvamento, onde robôs equipados com sensores, câmeras e sistemas de comunicação podem navegar em ambientes perigosos e localizar sobreviventes presos em edifícios desabados, escombros ou escombros. Neste capítulo, examinaremos o papel das inovações robóticas na recuperação de desastres, bem como o seu impacto na reconstrução de comunidades e na restauração dos meios de subsistência.

Robôs terrestres e veículos aéreos não tripulados (UAVs) com imagens térmicas, LiDAR e outras tecnologias de detecção podem inspecionar áreas afetadas por desastres, localizar sinais de vida e fornecer informações vitais às equipes de resgate, tornando as operações de busca e salvamento mais eficazes e eficientes. Além disso, robôs especializados, como robôs semelhantes a cobras e veículos subaquáticos não tripulados (UUVs), podem entrar em locais apertados e ambientes subaquáticos, o que torna mais fácil para as equipes de busca e resgate trabalharem em terrenos difíceis. Além disso, a tecnologia robótica está a revolucionar a avaliação de danos em regiões afectadas por catástrofes, tornando possível avaliar de forma rápida e precisa os danos nas infra-estruturas e os perigos ambientais. Câmeras de alta resolução e sensores LiDAR podem ser usados em drones de sensoriamento remoto para procurar edifícios, pontes, estradas e outras infraestruturas críticas danificadas. Os drones fornecem aos engenheiros e planejadores mapas 3D detalhados e modelos digitais que os ajudam a descobrir o quão forte é a estrutura e quais reparos devem ser feitos primeiro. Além disso, a tecnologia robótica está a ser utilizada em operações de remoção e limpeza de detritos após catástrofes, oferecendo soluções eficientes e seguras para limpar detritos, restaurar o acesso a infraestruturas críticas e preparar locais para reconstrução. Além disso, sensores e sistemas de monitoramento habilitados para robótica podem detectar e avaliar riscos ambientais, como derramamentos de produtos químicos, vazamentos de radiação e contaminação do ar e da água. Isto permite uma resposta atempada e medidas de mitigação para proteger a saúde e a segurança públicas. Usando manipuladores e ferramentas de demolição, plataformas robóticas como veículos terrestres não tripulados (UGVs) e drones podem limpar detritos, escavar locais em ambientes perigosos e instáveis e remover entulhos, acelerando o processo de limpeza. Além disso, bulldozers e escavadoras autónomas, sistemas robóticos que podem mover a terra e preparar um local, tornam possível reconstruir rapidamente instalações e infra-estruturas em áreas afectadas por desastres. No entanto, embora a tecnologia robótica seja uma grande promessa para melhorar os esforços de recuperação de desastres, também levanta importantes questões éticas, de segurança e de impacto humano. Para garantir que as intervenções baseadas na robótica respeitam a dignidade humana e promovem o bem-estar humano, é necessário considerar cuidadosamente as preocupações éticas sobre a utilização de robôs na resposta a catástrofes, tais como a privacidade, o consentimento e os direitos das populações afectadas. Em conclusão, a tecnologia robótica está a transformar os esforços de recuperação de desastres, fornecendo soluções inovadoras para busca e salvamento, avaliação de danos, remoção de detritos e reconstrução em áreas afectadas por desastres. Além disso, os esforços para abordar considerações de segurança, tais como avaliação de riscos, formação e protocolos de colaboração, são essenciais para garantir a implantação segura e eficaz da tecnologia robótica em operações de recuperação de desastres. Os robôs estão ajudando as comunidades a se recuperarem e reconstruírem após desastres de diversas maneiras, incluindo a redução de riscos, o salvamento de vidas e a aceleração dos esforços de recuperação e reconstrução. Mantenhamos o nosso compromisso de promover o uso responsável e ético da tecnologia e de garantir que as intervenções possibilitadas pela robótica contribuam para a construção de comunidades resilientes e para a restauração da esperança e da estabilidade face à adversidade, à medida que continuamos a aproveitar o poder da robótica em recuperação de desastres. Para que a tecnologia robótica tenha o maior impacto na recuperação de desastres, é essencial fazer esforços para incentivar a colaboração e a coordenação entre as diversas partes interessadas, tais como agências governamentais, organizações humanitárias, criadores de tecnologia e comunidades locais. As partes interessadas podem desenvolver estratégias abrangentes e eficientes de resposta e recuperação de catástrofes, promovendo parcerias e partilha de conhecimentos. Isto permitir-lhes-á tirar partido das competências e capacidades de uma variedade de intervenientes. Além disso, os esforços para promover a inovação e o empreendedorismo no desenvolvimento e implantação de tecnologia robótica para recuperação de desastres são essenciais para desbloquear novas oportunidades e ampliar iniciativas bem-sucedidas. Além disso, os esforços para envolver e capacitar as comunidades locais nos esforços de preparação e resposta a catástrofes, tais como iniciativas comunitárias de gestão de catástrofes e programas de formação, são essenciais para criar resiliência e promover a autossuficiência face a catástrofes. Incentivos, subvenções e prémios para a investigação e inovação em robótica na resposta e recuperação de catástrofes podem encorajar o investimento em tecnologias e soluções promissoras, bem como estimular a criatividade. Além disso, os esforços para abordar os obstáculos regulamentares e políticos na adopção e implantação de tecnologia robótica para a recuperação de desastres são essenciais para garantir que as soluções tecnológicas sejam implementadas de forma segura, ética e eficaz. Além disso, iniciativas para promover a transferência de tecnologia e o reforço de capacidades em regiões afectadas por catástrofes podem ajudar a desenvolver conhecimentos e capacidades locais para a utilização da robótica nos esforços de recuperação de catástrofes. As directrizes e os quadros regulamentares para a utilização da tecnologia robótica na resposta e recuperação de catástrofes podem ajudar a mitigar os riscos de consequências não intencionais e de utilização indevida da tecnologia, proteger os direitos e a dignidade das populações afectadas e garantir o cumprimento das normas de segurança. Além disso, os esforços para aumentar a sensibilização e o envolvimento do público na recuperação de desastres através da robótica são essenciais para estabelecer apoio e impulso aos esforços de preparação e resposta a desastres. Além disso, são essenciais esforços para promover normas globais para a utilização responsável e ética da tecnologia robótica na recuperação de desastres.

É possível aumentar a sensibilização para os riscos de catástrofes e encorajar medidas proactivas para mitigar o seu impacto através de campanhas de sensibilização e educação que realcem o papel da tecnologia robótica na resposta e recuperação de catástrofes, apresentar soluções inovadoras e melhores práticas e envolver o público em atividades de voluntariado e defesa. Em conclusão, a tecnologia robótica tem potencial para transformar os esforços de recuperação de desastres, fornecendo soluções inovadoras para busca e salvamento, avaliação de danos, remoção de detritos e reconstrução em áreas afectadas por desastres. Além disso, os esforços para promover a literacia digital e a proficiência tecnológica entre diversos públicos podem capacitar os indivíduos a utilizar a tecnologia robótica para a preparação, resposta e recuperação de catástrofes nas suas comunidades. Os robôs estão ajudando as comunidades a se recuperarem e reconstruírem após desastres de diversas maneiras, incluindo reduzindo riscos, salvando vidas e acelerando os esforços de recuperação e reconstrução. Mantenhamos o nosso compromisso de promover o uso responsável e ético da tecnologia e de garantir que as intervenções possibilitadas pela robótica contribuam para a construção de comunidades resilientes e para a restauração da esperança e da estabilidade face à adversidade, à medida que continuamos a aproveitar o poder da robótica em recuperação de desastres.

Usando a tecnologia para reconstruir após um desastre

Após um desastre, os esforços de reconstrução dependem fortemente da tecnologia. A seguir estão algumas aplicações da tecnologia: Dados de satélite: Imagens de satélite podem ser essenciais para determinar a extensão dos danos e planejar a reconstrução. Por exemplo, os planos de redesenvolvimento em Sulawesi, na Indonésia, foram orientados por dados de satélite após o terramoto e tsunami de 2018. Reconstrução de infra-estruturas: A ideia de "reconstruir melhor" implica a utilização da tecnologia para reforçar a resistência das infra-estruturas a catástrofes futuras. Para diminuir os danos causados pelas inundações, isto pode implicar a concepção de estradas que absorvam a água.

- Tecnologia de Construção: Os procedimentos de reconstrução podem ser realizados de forma mais suave e em menos tempo usando automação e outras tecnologias de construção.

- Consciência artificial (inteligência simulada): a inteligência baseada em computador está a mudar as reacções de fiasco, antecipando e planeando catástrofes, melhorando os esforços de reacção e trabalhando com a força da área local.

- Tecnologias de resiliência: Estão a ser criadas novas ferramentas para tornar as pessoas mais resilientes a desastres, como ferramentas de previsão de interrupções dos serviços públicos e a utilização de meios de comunicação social para mapear com precisão os locais de desastres. Além de ajudar logo após um desastre, estas tecnologias também ajudam na recuperação a longo prazo e no planeamento da resiliência.

Capítulo 18: Assistentes Pessoais e Robôs: Redefinindo a Vida Diária com Companheiros de IA

A assistência pessoal está mudando a maneira como as pessoas vivem suas vidas diárias, incorporando a robótica e a inteligência artificial (IA) de maneiras inovadoras que aumentam a produtividade, a facilidade de uso e o bem-estar. A forma como as pessoas interagem com a tecnologia e gerem as suas rotinas diárias está a ser redefinida pela tecnologia robótica, que inclui assistentes virtuais, companheiros robóticos e cuidadores. Uma das principais aplicações da robótica e da IA na assistência pessoal é a automação residencial inteligente, onde dispositivos e sensores interconectados permitem controle e gerenciamento contínuos de tarefas e sistemas domésticos. Neste capítulo, examinaremos a evolução da robótica e da IA na assistência pessoal e o seu impacto na redefinição da vida quotidiana. O processamento de linguagem natural e os algoritmos de inteligência artificial (IA) permitem que assistentes domésticos inteligentes respondam a comandos de voz, gerenciem horários e controlem dispositivos inteligentes como termostatos, luzes, eletrodomésticos e sistemas de segurança.

Isso torna as rotinas diárias mais convenientes e eficientes. Além disso, assistentes virtuais e interfaces alimentadas por IA estão revolucionando a forma como as pessoas interagem com informações e acessam serviços. Aspiradores robóticos, cortadores de grama e outros aparelhos autônomos automatizam as tarefas domésticas, liberando tempo e energia para outras atividades. Comandos de linguagem natural permitem que os usuários acessem informações e serviços relevantes, gerenciem tarefas e organizem suas agendas com o auxílio de assistentes virtuais como Siri, Alexa e Google Assistant, que fornecem assistência personalizada e recuperação de informações. Além disso, a tecnologia robótica está sendo incorporada em dispositivos vestíveis e dispositivos pessoais, fornecendo assistência e suporte personalizados a indivíduos em diversos contextos. Além disso, chatbots e agentes virtuais com tecnologia de IA estão sendo implantados no atendimento ao cliente, na saúde e em outros domínios para fornecer assistência e suporte personalizados aos usuários, melhorando a acessibilidade e a eficiência na prestação de serviços. Robôs vestíveis, como exoesqueletos e próteses inteligentes, tornam mais fácil e independente para pessoas com deficiência ou dificuldades de mobilidade realizarem tarefas diárias por conta própria. Robôs pessoais e companheiros com algoritmos de IA e capacidades de interação social também fornecem companheirismo, assistência e apoio emocional aos necessitados, combatendo a solidão e o isolamento social entre idosos e deficientes. No entanto, embora a robótica e a IA sejam uma grande promessa para melhorar a assistência pessoal e melhorar a qualidade de vida, também levantam preocupações significativas relativamente à privacidade, à segurança e à utilização ética da tecnologia. Para garantir que os direitos e interesses dos indivíduos são salvaguardados, as preocupações relativas à privacidade dos dados, à vigilância e à recolha e utilização de informações pessoais por sistemas alimentados por IA devem ser cuidadosamente consideradas. Concluindo, a robótica e a inteligência artificial estão redefinindo o cotidiano com soluções inovadoras de atendimento pessoal que oferecem comodidade, eficiência e suporte no gerenciamento das tarefas e rotinas diárias. Estas soluções são essenciais para promover o uso equitativo e ético da IA na assistência pessoal. Além disso, são essenciais esforços para abordar preconceitos e limitações nos algoritmos de IA, tais como justiça, transparência e responsabilização. A forma como as pessoas interagem com a tecnologia e conduzem suas vidas diárias está sendo transformada pela tecnologia robótica, que inclui robôs vestíveis, assistentes virtuais, automação residencial inteligente e companheiros pessoais. Os esforços para promover a inclusão e a acessibilidade no desenvolvimento e implantação da robótica e da IA na assistência pessoal são essenciais para garantir que estas tecnologias beneficiem todos os indivíduos, independentemente da idade, capacidade ou origem.continuemos empenhados em promover o uso responsável e ético da tecnologia e em garantir que as soluções baseadas na robótica contribuam para melhorar o bem-estar e a qualidade de vida de todos os indivíduos. A acessibilidade e a usabilidade para pessoas com deficiência ou necessidades especiais podem ser melhoradas através da criação de interfaces fáceis de usar, modelos de interação intuitivos e recursos inclusivos que atendam a uma variedade de preferências e requisitos. Além disso, é essencial enfrentar os desafios regulamentares e políticos na adoção e implantação da robótica e da IA na assistência pessoal para promover o uso responsável e ético da tecnologia. Além disso, é essencial enfrentar os desafios regulamentares e políticos na adoção e implantação da robótica e da IA na assistência pessoal. Para garantir que os direitos e interesses dos indivíduos são salvaguardados, os quadros regulamentares e as diretrizes que regem o desenvolvimento, a implantação e a utilização de sistemas alimentados por IA precisam de abordar considerações significativas como privacidade, segurança, transparência e responsabilização. Além disso, os esforços para promover a educação e a sensibilização sobre a robótica e a IA na assistência pessoal são essenciais para capacitar os indivíduos a tomar decisões informadas sobre a adoção e utilização da tecnologia. Além disso, os esforços para promover a transparência e a explicabilidade nos algoritmos de IA e nos processos de tomada de decisão são essenciais para construir a confiança entre os utilizadores e as partes interessadas. Programas de educação e formação que ensinam as pessoas a utilizar sistemas alimentados por IA de forma responsável e eficaz podem aumentar a literacia digital e dar às pessoas a capacidade de utilizar a tecnologia para o crescimento pessoal e profissional. Além disso, os esforços para promover a colaboração interdisciplinar e o intercâmbio de conhecimentos entre as partes interessadas, incluindo investigadores, criadores, decisores políticos e utilizadores finais, são essenciais para impulsionar a inovação e fazer avançar o campo da robótica e da IA na assistência pessoal. Além disso, os esforços para aumentar a sensibilização sobre os potenciais benefícios e riscos da robótica e da IA na assistência pessoal, bem como sobre as melhores práticas para uma utilização ética e responsável, podem fomentar a tomada de decisões informadas e promover resultados positivos para os indivíduos e a sociedade. Concluindo, a robótica e a inteligência artificial estão remodelando a vida cotidiana com soluções inovadoras de assistência pessoal que oferecem comodidade, eficiência e suporte no gerenciamento de tarefas e rotinas diárias. As partes interessadas podem aproveitar diversas perspectivas e conhecimentos para enfrentar desafios complexos e desenvolver soluções inovadoras que satisfaçam as necessidades e preferências dos indivíduos em diversos contextos e ambientes, promovendo parcerias e colaboração entre sectores e disciplinas. A forma como as pessoas interagem com a tecnologia e conduzem suas vidas diárias está sendo transformada pela tecnologia robótica, que inclui robôs vestíveis, assistentes virtuais, automação residencial inteligente e companheiros pessoais.Mantenhamos o nosso compromisso de promover o uso responsável e ético da tecnologia e de garantir que as soluções baseadas na robótica contribuem para melhorar o bem-estar e a qualidade de vida de todos os indivíduos, à medida que continuamos a aproveitar o poder da IA e da robótica na assistência pessoal.

Cuidados Pessoais para Automação da Casa

Uma área em crescimento que visa auxiliar os indivíduos, principalmente os idosos, no seu dia-a-dia é o cuidado pessoal através da automação residencial e da robótica. Um resumo de como os cuidados pessoais e a automação residencial estão sendo transformados pela robótica é o seguinte: Cuidados com os Idosos: Robôs estão sendo feitos para ajudar os idosos a viverem confortavelmente em suas casas. Eles podem ajudar nas atividades diárias, como comer, tomar banho, vestir-se e ir de um local para outro. Sistemas Especializados: Muitos desses sistemas não são robôs humanóides, mas sim máquinas especializadas feitas para fazer coisas específicas, como aspiradores de pó robóticos. Eles podem ser implementados de forma incremental e são mais simples de projetar e implementar. Assistência Física: Alguns robôs são feitos para ajudar as pessoas a subir e descer de cadeiras, camas e outros móveis, seguir receitas, dobrar toalhas e dar remédios. Como resultado, a independência é preservada e a necessidade de assistência humana constante é reduzida. Envolvimento Social e Emocional: Os robôs também atuam como companheiros sociais dos idosos, envolvendo-os social e emocionalmente para ajudá-los a gerir o seu declínio cognitivo e a abrandá-lo. Podem fornecer terapia e companhia para indivíduos solitários ou que sofrem de condições relacionadas à demência2. Automação no atendimento domiciliar A automação de processos robóticos (RPA) emprega inteligência artificial e aprendizado de máquina para automatizar tarefas repetitivas de atendimento domiciliar, o que pode ser vantajoso tanto para pacientes quanto para cuidadores.

> **Desenvolvimentos futuros:** Com os avanços nos veículos autónomos e outras tecnologias que integrarão ainda mais a robótica na assistência pessoal e nos cuidados domiciliários, o campo está a evoluir rapidamente. Incorporar a robótica no atendimento domiciliar não é apenas uma questão de conveniência; trata-se também de melhorar a qualidade de vida daqueles que necessitam de assistência e permitir-lhes viver com maior dignidade e independência.

Capítulo 19: Pesquisa e Desenvolvimento em Robótica: Obstáculos e Oportunidades

A investigação e o desenvolvimento da robótica estão na vanguarda da inovação tecnológica e têm um enorme potencial para resolver problemas difíceis e expandir o conhecimento e as capacidades humanas. No entanto, a robótica tem desafios únicos que devem ser superados para concretizar todo o seu potencial, além das oportunidades de avanço.

Um dos principais desafios na investigação e desenvolvimento da robótica é alcançar robustez e fiabilidade em sistemas robóticos, particularmente em ambientes dinâmicos e imprevisíveis. Neste capítulo, examinaremos os principais desafios e oportunidades na pesquisa e desenvolvimento da robótica, bem como as estratégias para navegar no caminho da inovação e do avanço. É essencial garantir que os robôs possam operar de forma segura e eficaz numa variedade de condições variáveis, uma vez que são cada vez mais utilizados em aplicações do mundo real, como a produção, a saúde e a resposta a catástrofes. Para melhorar a robustez e adaptabilidade dos sistemas robóticos, são necessárias soluções inovadoras em áreas como percepção, controle e planejamento para abordar questões como incerteza dos sensores, variabilidade ambiental e complexidade do sistema. Além disso, a escalabilidade e a interoperabilidade colocam dificuldades significativas na investigação e desenvolvimento da robótica, especialmente à medida que a tecnologia robótica se torna cada vez mais integrada em sistemas e redes complexos. A promoção da escalabilidade e adaptabilidade em aplicações robóticas exige a criação de interfaces e componentes modulares e padronizados que possibilitem que os sistemas robóticos se integrem perfeitamente com a infraestrutura e tecnologias existentes e interoperem entre si. Para melhorar a coordenação e a cooperação entre agentes heterogéneos, é essencial abordar questões de interoperabilidade em sistemas multi-robôs e na colaboração homem-robô. Além disso, abordar as implicações éticas, legais e sociais é um obstáculo significativo na investigação e desenvolvimento da robótica, especialmente à medida que os robôs se tornam cada vez mais autónomos e difundidos na sociedade. Para garantir que a tecnologia robótica é desenvolvida e utilizada de forma ética, responsável e benéfica para a sociedade, é necessário considerar cuidadosamente as preocupações relativas à segurança, à privacidade, à responsabilização e ao impacto da robótica no emprego e na dinâmica social. Além disso, promover a colaboração interdisciplinar e a diversidade na investigação e desenvolvimento da robótica é essencial para impulsionar a inovação e enfrentar desafios complexos a partir de múltiplas perspetivas. Além disso, os esforços para promover a transparência, a responsabilização e o envolvimento público na investigação e desenvolvimento da robótica são essenciais para criar confiança entre as partes interessadas e garantir que os benefícios da tecnologia robótica sejam distribuídos de forma equitativa. É possível promover a criatividade, a polinização cruzada de ideias e abordagens holísticas para enfrentar os desafios sociais com a tecnologia robótica, reunindo investigadores, engenheiros, decisores políticos, especialistas em ética, cientistas sociais e outras partes interessadas de diversas origens e disciplinas. Em conclusão, a investigação e o desenvolvimento da robótica apresentam enormes oportunidades para enfrentar desafios complexos e promover o conhecimento e as capacidades humanas. Além disso, os esforços para promover a diversidade e a inclusão na comunidade robótica, incluindo iniciativas para apoiar grupos sub-representados e promover ambientes de investigação inclusivos, são essenciais para garantir que a investigação e o desenvolvimento da robótica refletem as diversas perspetivas e experiências da sociedade. No entanto, obstáculos importantes como robustez, escalabilidade, ética e diversidade devem ser abordados antes que a robótica possa atingir todo o seu potencial. Podemos navegar no caminho da inovação e do avanço na investigação e desenvolvimento da robótica e desbloquear todo o potencial da robótica para beneficiar a sociedade, abraçando a colaboração interdisciplinar, promovendo a inovação e promovendo o uso responsável e ético da tecnologia. Os esforços para promover a educação e a formação em investigação e desenvolvimento em robótica são essenciais para nutrir a próxima geração de investigadores e profissionais de robótica. Podemos incentivar os alunos a seguir carreiras em robótica e contribuir para avanços no campo, investindo em programas educacionais STEM (Ciência, Tecnologia, Engenharia e Matemática), competições de robótica e oportunidades de aprendizagem prática. Além disso, promover a colaboração e a partilha de conhecimentos entre o meio académico, a indústria e o governo é essencial para impulsionar a inovação e traduzir as descobertas da investigação em aplicações práticas. Além disso, os esforços para promover oportunidades de aprendizagem ao longo da vida e de desenvolvimento profissional para profissionais de robótica podem garantir que estes permaneçam a par dos desenvolvimentos mais recentes e das tendências emergentes na investigação e tecnologia robótica. As partes interessadas podem utilizar conhecimentos, recursos e infraestruturas complementares para acelerar a inovação e enfrentar desafios complexos de investigação e desenvolvimento em robótica, formando parcerias e estruturas de colaboração. Além disso, os esforços para promover a ciência aberta e o desenvolvimento de código aberto na investigação e desenvolvimento da robótica são essenciais para promover a partilha de conhecimentos e acelerar o progresso neste domínio. Além disso, os esforços para promover a transferência de tecnologia e a comercialização da investigação robótica podem facilitar a tradução de descobertas científicas em produtos e serviços comercializáveis que beneficiem a sociedade e impulsionem o crescimento económico. Os investigadores podem enfrentar eficazmente os principais desafios na investigação e desenvolvimento da robótica, adoptando padrões abertos, partilhando dados, códigos e recursos e incentivando a colaboração através das fronteiras institucionais e disciplinares. Além disso, abordar as restrições de financiamento e de recursos é um desafio significativo na investigação e desenvolvimento da robótica, especialmente para projetos em fase inicial e de alto risco. Além disso, os esforços para promover a transparência e a reprodutibilidade na investigação robótica podem aumentar a credibilidade e a fiabilidade dos resultados da investigação e tornar mais fácil para a comunidade científica mais ampla replicar e validar os resultados.As partes interessadas podem apoiar um portfólio diversificado de iniciativas de investigação robótica e promover a inovação tanto na ciência fundamental como em aplicações práticas, investindo em investigação básica, investigação aplicada e desenvolvimento tecnológico em todo o pipeline de inovação. Em conclusão, a investigação e o desenvolvimento da robótica oferecem enormes oportunidades para enfrentar desafios complexos e promover o conhecimento e as capacidades humanas. Além disso, os esforços para promover parcerias público-privadas, investimentos em capital de risco e iniciativas de crowdfunding podem alavancar recursos e conhecimentos adicionais para apoiar os esforços de investigação e desenvolvimento em robótica. Podemos navegar no caminho da inovação e do avanço na investigação e desenvolvimento da robótica, abordando desafios-chave como robustez, escalabilidade, ética e diversidade, e abraçando a colaboração interdisciplinar, a inovação e a utilização responsável da tecnologia. Podemos desbloquear todo o potencial da robótica para beneficiar a sociedade e enfrentar os principais desafios que a humanidade enfrenta no século XXI se trabalharmos juntos.

Navegando na fronteira da inovação em robótica

Uma jornada emocionante em um campo que combina criatividade, engenharia e solução de problemas para criar máquinas inteligentes capazes de realizar uma variedade de tarefas é navegar na fronteira da inovação em robótica. À medida que estas máquinas se tornam mais integradas na nossa vida quotidiana, a robótica é mais do que apenas automação; também envolve colaboração, adaptabilidade e considerações éticas. A seguir estão algumas inovações significativas na robótica: Uma Visão Geral do Passado: O campo da robótica progrediu desde os primeiros autômatos até as máquinas sofisticadas de hoje, com marcos significativos como o desenvolvimento da inteligência artificial e os primeiros robôs industriais. Fato versus Realidade: No filme indiano "2.0", o personagem de Chitti exemplifica os objetivos da robótica e como tais representações inspiram o progresso no mundo real. Aplicações na Indústria: A robótica melhora a eficiência, a precisão e a segurança em tarefas anteriormente difíceis ou arriscadas, transformando as indústrias. Inteligência Artificial e Robótica: A combinação da robótica e da inteligência artificial está a abrir novos domínios de aprendizagem e adaptabilidade e a ultrapassar os limites da autonomia e da tomada de decisões. Robótica DIY: Existe uma comunidade próspera de robótica DIY, e os kits de robótica incentivam uma cultura de criatividade e educação entre os entusiastas.

Desafios e Ética: A importância do desenvolvimento responsável é enfatizada pelas dificuldades que o rápido desenvolvimento traz, como a deslocação de empregos e preocupações com a privacidade. Tendências emergentes: O futuro dinâmico que temos pela frente neste campo inclui tendências emergentes como a robótica suave e a robótica de enxame. O campo da robótica está preparado para uma expansão e transformação sem precedentes à medida que entramos numa nova era, expandindo-se para as nossas casas, hospitais e até mesmo para o espaço exterior. É um campo que, com estes dedicados companheiros mecânicos, parece destinado a moldar o nosso futuro. Aceite a jornada rumo à inovação, onde humanos e máquinas coexistem, e ultrapasse os limites do que antes era considerado impossível.

Capítulo 20: O Futuro da Robótica: Prevendo Tendências e Projetando o Mundo de Amanhã

O futuro da robótica é muito promissor para moldar o mundo de amanhã à medida que nos aproximamos de uma nova era marcada pelo avanço tecnológico e pela inovação. Para orientar a tomada de decisões estratégicas e preparar-se para as oportunidades e desafios que se avizinham, é essencial antecipar as tendências emergentes e compreender o impacto potencial da robótica na sociedade, na economia e na cultura.

A convergência da robótica com outras tecnologias emergentes, como a inteligência artificial, a aprendizagem automática e a Internet das Coisas (IoT), é uma das principais tendências que moldam o futuro da robótica. Neste capítulo final, exploraremos o futuro da robótica e imaginaremos a evolução da tecnologia e o seu impacto transformador nas nossas vidas e no mundo que nos rodeia. Podemos antecipar uma nova geração de robôs inteligentes e autónomos que podem aprender, adaptar-se e colaborar em ambientes complexos e dinâmicos, à medida que a tecnologia robótica se torna cada vez mais integrada com algoritmos de IA, análise de dados e sensores e dispositivos conectados. Cuidados de saúde, transportes, indústria transformadora e entretenimento são apenas algumas das indústrias que irão beneficiar desta convergência de tecnologias, que também irá remodelar a forma como vivemos, trabalhamos e interagimos com a tecnologia. Além disso, a democratização e a descentralização da tecnologia robótica, que possibilitarão a participação de um leque mais vasto de pessoas na investigação e desenvolvimento da robótica, definem o futuro da robótica. Software e hardware de código aberto, produção distribuída e plataformas para inovação colaborativa estão democratizando o acesso à tecnologia robótica e proporcionando aos indivíduos e às comunidades a capacidade de projetar, construir e implementar os seus próprios sistemas robóticos para uma ampla gama de utilizações. A ascensão de robôs social e emocionalmente inteligentes, capazes de interagir com os humanos de uma forma significativa e empática, também moldará o futuro da robótica. Esta democratização da tecnologia robótica impulsionará a inovação, o empreendedorismo e a criatividade de base. Também abordará as diversas necessidades e preferências da sociedade. Há uma demanda crescente por robôs que possam compreender e responder às emoções, intenções e sinais sociais humanos, à medida que os robôs se tornam cada vez mais integrados em várias facetas da vida diária, como companheirismo, educação, cuidado e entretenimento. A computação afetiva, a robótica social e a interação humano-robô tornaram possível aos robôs perceber e interpretar as emoções humanas, demonstrar empatia e compaixão e adaptar o seu comportamento aos contextos sociais. Como resultado, as interações entre humanos e robôs estão se tornando mais profundas e significativas. Além disso, à medida que os robôs se tornam cada vez mais autónomos e enraizados na sociedade, o futuro da robótica é caracterizado pela crescente importância do uso ético e responsável da tecnologia. Para garantir que a tecnologia robótica é desenvolvida e utilizada de forma ética, equitativa e benéfica para a sociedade, é necessário considerar cuidadosamente as preocupações relativas à segurança, privacidade, transparência, responsabilização e ao impacto da robótica no emprego e na dinâmica social. Em conclusão, o futuro da robótica é uma promessa imensa para moldar o mundo de amanhã e promover o progresso e o bem-estar humanos. Além disso, os esforços para promover a diversidade, a inclusão,e a justiça social na investigação e desenvolvimento da robótica são essenciais para garantir que a tecnologia robótica reflete as diversas perspetivas e experiências da sociedade e responde às necessidades e preferências de todos os indivíduos. Podemos aproveitar o poder transformador da robótica para enfrentar grandes desafios, promover a inovação e criar um futuro mais equitativo e sustentável para todos, antecipando tendências emergentes, compreendendo o impacto potencial da robótica na sociedade e orientando a tomada de decisões estratégicas. Vamos embarcar juntos nesta viagem rumo à robótica do futuro, moldando um mundo em que robôs e humanos coexistam harmoniosamente, enriquecendo as nossas vidas e avançando os nossos objetivos comuns de progresso e prosperidade. Serão necessários esforços para promover a colaboração interdisciplinar e o intercâmbio de conhecimentos para impulsionar a inovação e enfrentar desafios complexos da robótica no futuro. As partes interessadas podem desenvolver soluções holísticas para os desafios sociais e promover o uso responsável e ético da tecnologia robótica, promovendo parcerias e colaboração entre disciplinas como engenharia, ciência da computação, neurociência, psicologia, sociologia e ética. Além disso, os esforços para promover a educação em robótica e o desenvolvimento da força de trabalho serão cruciais para preparar a próxima geração de investigadores, engenheiros e profissionais da robótica. Além disso, os esforços para envolver e capacitar diversas partes interessadas, tais como decisores políticos, líderes industriais, académicos e organizações da sociedade civil, no diálogo e nos processos de tomada de decisão são essenciais para garantir que os benefícios da tecnologia robótica sejam distribuídos de forma justa e que os riscos e os desafios são gerenciados de forma eficaz. As partes interessadas podem incentivar os estudantes a seguir carreiras em robótica e contribuir para avanços no campo, investindo em programas de educação STEM, competições de robótica e experiências práticas de aprendizagem. Além disso, os esforços para enfrentar os desafios regulamentares e políticos no futuro da robótica serão essenciais para promover a utilização responsável e ética da tecnologia e garantir que a tecnologia robótica beneficia a sociedade como um todo. Além disso, os esforços para promover a aprendizagem ao longo da vida e oportunidades de desenvolvimento profissional para profissionais da robótica podem garantir que estes permaneçam a par dos desenvolvimentos mais recentes e das tendências emergentes na investigação e tecnologia robótica. Para garantir que a tecnologia robótica seja desenvolvida e utilizada de forma moral, equitativa e benéfica para a sociedade, os quadros regulamentares e as directrizes que regem o desenvolvimento, a implantação e a utilização da tecnologia robótica precisam de abordar aspectos significativos como segurança, privacidade, transparência. , responsabilização e impacto social. Além disso,esforços para promover a participação global e esforços coordenados na administração de tecnologia mecânica e definição de diretrizes podem ajudar a combinar diretrizes e promover padrões mundiais para a utilização consciente e moral da tecnologia mecânica. No final, o destino da tecnologia mecânica mantém um compromisso colossal para moldar o cenário futuro e impulsionando o avanço humano e a prosperidade. Podemos aproveitar o poder transformador da robótica para enfrentar grandes desafios, promover a inovação e criar um futuro mais equitativo e sustentável para todos, antecipando tendências emergentes, compreendendo o impacto potencial da robótica na sociedade e orientando a tomada de decisões estratégicas. Vamos embarcar juntos nesta viagem rumo à robótica do futuro, moldando um mundo em que robôs e humanos coexistam harmoniosamente, enriquecendo as nossas vidas e promovendo os nossos objetivos comuns de progresso e prosperidade. Serão necessários esforços para aumentar a sensibilização e o envolvimento do público na robótica do futuro para gerar apoio e impulso às iniciativas de investigação e desenvolvimento em robótica. É possível sensibilizar o público para o impacto transformador da robótica na sociedade e inspirar o interesse e a participação do público através de campanhas de sensibilização e educação que realcem os potenciais benefícios da tecnologia robótica, apresentem aplicações inovadoras e abordem conceitos errados e preocupações comuns. Além disso, os esforços para promover a educação informatizada e a capacidade mecânica entre diferentes multidões podem envolver as pessoas no uso da inovação tecnológica mecânica para o desenvolvimento individual e especializado, incentivando uma cultura de avanço e empreendedorismo. será fundamental para garantir que esses impulsos mecânicos avançados contribuam para a prosperidade e prosperidade das pessoas atuais e futuras. As partes interessadas podem concentrar-se na abordagem de desafios globais prementes, como a pobreza, a desigualdade, as alterações climáticas e a degradação ambiental, alinhando os esforços de investigação e desenvolvimento em robótica com os Objectivos de Desenvolvimento Sustentável (ODS) das Nações Unidas. A tecnologia robótica pode ser usada como uma ferramenta para um impacto social e ambiental positivo. Além disso, abordar os preconceitos, promover a diversidade e a inclusão e mitigar as consequências indesejadas são essenciais para garantir que os avanços da robótica contribuem para a construção de uma sociedade mais justa, equitativa e sustentável. mundo. Além disso, para maximizar os benefícios da tecnologia robótica e enfrentar os desafios globais, serão essenciais esforços para promover a cooperação e a colaboração internacionais no futuro da robótica. As partes interessadas podem usar conhecimentos, recursos,e infra-estruturas para acelerar a investigação e o desenvolvimento da robótica e enfrentar eficazmente os desafios partilhados, promovendo parcerias e intercâmbio de conhecimentos entre nações e regiões. Em conclusão, o futuro da robótica é uma enorme promessa para moldar o mundo de amanhã e promover o progresso e o bem-estar humanos. Além disso, os esforços para promover a transferência de tecnologia e o desenvolvimento de capacidades nos países e regiões em desenvolvimento podem garantir que a tecnologia robótica seja acessível a todos e acessível a todos. Podemos aproveitar o poder transformador da robótica para enfrentar grandes desafios, promover a inovação e criar um futuro mais equitativo e sustentável para todos, promovendo o desenvolvimento sustentável, enfrentando desafios sociais, promovendo a cooperação internacional e promovendo a sensibilização e o envolvimento do público. Aproveitemos as oportunidades que temos pela frente e trabalhemos em conjunto para moldar um futuro em que a tecnologia robótica melhore as nossas vidas, fortaleça as nossas comunidades e promova os nossos objectivos comuns de progresso e prosperidade. O desenvolvimento de uma cultura de inovação e empreendedorismo no domínio da robótica será essencial para impulsionar o crescimento económico e a prosperidade. As partes

interessadas podem incentivar o investimento, criar empregos e abrir novas oportunidades para o desenvolvimento económico e a competitividade, promovendo um ecossistema que apoia a investigação e o desenvolvimento, a transferência de tecnologia e a comercialização de inovações robóticas. Além disso, será essencial enfrentar os desafios relacionados com a privacidade, a segurança e a utilização ética da tecnologia robótica para criar confiança entre as partes interessadas e garantir que os avanços da robótica sejam implementados de forma responsável e ética. Além disso, os esforços para promover a colaboração entre o meio académico, a indústria e o governo, bem como o apoio a startups e pequenas empresas, podem acelerar a tradução da investigação robótica em produtos e serviços comercializáveis. Para garantir que a tecnologia robótica seja desenvolvida e utilizada de uma forma que respeite os direitos individuais e promova o bem-estar social, os quadros regulamentares e as diretrizes que regem o desenvolvimento e a implantação da tecnologia robótica precisam de abordar considerações importantes como a privacidade dos dados, a segurança cibernética e a transparência algorítmica.
. Eles também precisam promover princípios como justiça, responsabilidade e transparência. Além disso, a abordagem das disparidades no acesso à tecnologia e às oportunidades robóticas deve ser

priorizada para garantir que os benefícios dos avanços da robótica sejam distribuídos igualmente e que ninguém seja deixado para trás. Além disso, os esforços para promover o diálogo público e o envolvimento sobre as implicações éticas e sociais da tecnologia robótica podem promover uma compreensão partilhada dos riscos e oportunidades associados aos avanços da robótica. Os indivíduos podem ser capacitados para participar na revolução robótica e contribuir para moldar o seu futuro, participando em iniciativas que promovam a inclusão digital,colmatar a exclusão digital e proporcionar aos grupos sub-representados e às comunidades marginalizadas acesso à educação e à formação em tecnologia robótica. Além disso, é essencial abordar os preconceitos e as barreiras à participação na investigação e desenvolvimento da robótica, bem como a diversidade e a inclusão na força de trabalho, para que a investigação e o desenvolvimento da robótica reflitam as diversas perspetivas e experiências da sociedade e maximizem o talento e a criatividade. Em conclusão, há muita esperança para o futuro da robótica em termos de impulsionar a inovação, a expansão económica e o progresso social. Podemos aproveitar o poder transformador da robótica para criar um futuro melhor para todos, promovendo uma cultura de inovação e empreendedorismo, abordando questões éticas e sociais e promovendo a inclusão e a diversidade na investigação e desenvolvimento da robótica. Aproveitemos as oportunidades que temos pela frente e colaboremos para moldar um futuro em que a tecnologia robótica melhore as nossas vidas, fortaleça as nossas comunidades e promova os nossos objectivos partilhados de progresso e prosperidade. Aproveitemos também as oportunidades que temos pela frente.

Prevendo a próxima era da integração robótica

Espera-se que avanços significativos em inteligência artificial, aprendizado de máquina e automação caracterizem a era subsequente da integração robótica como uma era transformadora. A seguir estão algumas previsões e tendências principais que deverão moldar o cenário da robótica no futuro: IA e aprendizado de máquina mais inteligentes: Os robôs ficarão mais inteligentes e serão capazes de aprender com os dados e se adaptar a novas situações. Percepções sensoriais aprimoradas: Robôs com sensores avançados serão capazes de interagir com o ambiente ao seu redor com maior profundidade. Interação suave entre homem e robô: À medida que a robótica se torna mais arraigada na vida cotidiana, o mundo se tornará mais interconectado. Democratização da robótica: À medida que os custos caem, a tecnologia robótica se tornará mais acessível para residências, pequenas empresas e instituições educacionais. Considerações éticas e de emprego: Para garantir uma coexistência harmoniosa entre humanos e robôs, serão necessárias mudanças na educação, no desenvolvimento de competências e nas políticas sociais à medida que a robótica avança. Estes desenvolvimentos não só melhorarão as capacidades da robótica atualmente em utilização, mas também introduzirão novas aplicações e soluções numa variedade de indústrias, incluindo a saúde e a indústria transformadora. É de facto uma viagem emocionante antecipar e preparar-se para o futuro da robótica.

Obrigado

www.ingramcontent.com/pod-product-compliance
Lightning Source LLC
Chambersburg PA
CBHW050052230526
45470CB00004B/1492